最新

日本藥妝店

精選必買藥美妝

日本藥粧研究家／鄭世彬 著

日本藥粧研究家公開熱賣清單！請筆記

溫故＋知新！
日本藥妝完全保存版

時光飛逝，從 2011 年開始日本藥妝的相關採訪與寫作之後，在不知不覺當中，日本藥妝美妍購系列在大家的支持之下，推出了系列中的第 8 本作品，一路走來，真的非常感謝所有讀者的愛護與陪伴。在過去，日本藥粧研究室總是將每一年的日本新藥妝與熱門藥妝資訊集結成冊，讓所有喜愛日本藥妝的華語圈讀者，都能同步更新日本最新的藥妝資訊。不過，在新加入的日本藥妝迷建議之下，我們決定在 2020 年集結所有經典與必買的日本藥妝資訊，推出這本日本藥妝新手與老鳥都能珍藏的「日本藥妝完全保存版」。

在前所未見的傳染疾病肆虐全球陰影下，2020 年對許多人而言，都是相當難忘的一年。大家不僅改變了平時的生活衛生習慣，過去自由自在飛往世界各地的生活，也受到了極大的限制。在各國為了對抗疫情而施行的鎖國政策之下，我們在短時間內，都失去前往日本血拚藥妝的自

日本藥粧研究家 鄭世彬

由。然而日本藥粧研究室相信，自由且開心的在日本享受旅遊、美食及血拚的美好時光必將重返。在那之前，我們每個人都更應該做好防疫工作，讓自己健健康康地迎接各國解封、開放邊境那一天的到來。

在這段期間，不妨就讓日本藥粧研究室來為各位複習一下，看看我們喜愛的日本藥妝有哪些不朽的經典商品，以及千萬不能錯過的傳奇必 BUY 神藥與神妝吧！

►Contents

註：※ 本書價格為編輯部調查之未稅價格。
※ 本書資訊量龐大，產品資訊如有誤植，請以各大廠商官方公布資料為準。
※ 醫藥品並非保養品，請依照仿單說明且遵照用法用量使用。

PART 5 日本人的醫藥箱 082

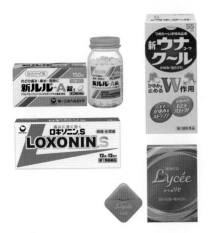

PART 6 日本人的化妝箱 132

PART 7 日本人的生活STYLY 184

PART 8 日本藥妝採購小提醒 221

PART 1

藥粧店特輯

Drug Store 藥妝店
ドラッグストア

日本全國的連鎖藥妝店大約有 2 萬多家，在東京、大阪、札幌、福岡以及沖繩等重點城市的主要購物商圈當中，藥妝店的密度甚至比便利超商要高上許多。例如在東京的上野與新宿、大阪的心齋橋、札幌的狸小路、福岡的天神，以及沖繩的國際通，幾乎每走幾步路，就能看見一家藥妝店，而且每一家都擠滿了講中文的觀光客。

除了一般常見的常備藥之外，我們也可以在日本的藥妝店裡買到保健食品、保養品、日常用品甚至是熱門的零食。對於跟團而沒有太多時間慢慢逛街的人來説，是個能夠簡單且快速買齊自己與親朋好友想要的東西的聖地。

另一方面，即使是鬧區的小規模藥妝店，陳列與販售的品項也都會超過上千種，讓許多喜愛日本藥妝的旅客，常常會不小心就在裡面耗上好個幾小時。

海外觀光客經常光顧的日本連鎖藥妝店，大致可分為便宜促銷型以及品項齊全型兩種。台灣人最為熟悉的 OS 藥妝、大國藥妝，以及這幾年以破盤價吸客的 COSMOS 藥妝，都屬於便宜促銷型的藥妝店。一般來説，這一類的藥妝店陳列品項較少，但熱門的定番商品一定會有，因此適合已經鎖定購物目標的人快速掃貨。

另一方面，知名度最高的松本清、美妝品齊全的 AINZ&TULPE，則是醫藥品以及保養品的比重相當，商品數量十分龐大，甚至有許多品質不錯的自有品牌與大廠聯名商品。不僅如此，在美妝區的試用品也較多，所以特別適合想要慢慢逛、慢慢買的人。

 解密 1　店門口的便宜零食

在日本藥妝店門口，總會擺滿各種零食的現象，對許多人來說都會感到困惑，有時候都會讓人誤以為來到超市了。尤其是上野或心齋橋的藥妝店，門口不僅擺滿熱門零食，而且都便宜到讓人忍不住想走過去抓個幾包結帳。其實這些零食的單價不高，利潤也不多，在競爭激烈的地段上，藥妝店主要是想利用這些便宜零食做為吸客的宣傳工具。不過這邊也提醒一下，在買這些擺放於門口花車上的促銷商品時，還是要稍微注意是否有直接受到日曬的問題，畢竟有些巧克力類的零食禁不起曬呀！

 解密 2　限制購買數量

不少藥妝店對於熱門商品，都會貼出像這樣的提醒告示。除了防止商品被大量掃貨，而對買不到的客人造成困擾之外，其實最主要的原因來自於價格。許多地處激戰區的藥妝店除了零食之外，也會把熱門的藥品當成促銷工具，祭出「買愈多虧愈大」的破盤價。只要上門的顧客同時買些其他商品，店家利潤就會向上提升。正是基於這個原因，才會限制每個人或每個團體的購買數量。

解密 4 購買藥妝是否能免稅

自 2014 年 10 月開始，日本許多連鎖藥妝店都已經能夠辦理退稅。相較於歐美等國的退稅手續而言，日本藥妝店的退稅方法簡化許多，結完帳之後，就能在原櫃台直接辦理退稅手續，而且當場就能拿回退稅金額。部分日本的百貨公司在辦理退稅手續時，還會扣除一定%數的手續費，但藥妝店卻是完完整整地退還 8% 或 10% 消費稅。退稅相關內容與詳細規定，請參照本書最後的日本藥妝採購小提醒。

解密 3 不能賣的理由

常逛日本藥妝店的人，可能都會注意到，有時候擺放特定藥物的貨架，會被用印有標語的紙板遮起來，又或者是明明就還在營業時間內，櫃台的人卻不把藥賣給自己。其實，在日本當地的法律規定下，歸類為「第 1 類医薬品」以及「要指導医薬品」的藥物，必須在藥劑師執業的時候，經由藥劑師解說後才能購買。因此，若是藥劑師已經下班，依規定一般非藥劑師的店員，是不能把藥賣給你的哦！

解密 5 怎麼買才能更便宜

在過去，許多藥妝店都會推出集點卡，並將消費金額的一定比例回饋給消費者。隨著手機與通訊軟體的進步，日本許多藥妝店都會推出自己的 APP，甚至是櫃台附近都會有優惠券或折價券的下載 QR 碼。另一方面，有些藥妝店則是會把優惠訊息印在傳單上面。所以在逛藥妝店的時候，記得先看看店內是否有這些優惠訊息哦！

日本具代表性的藥妝店

マツモトキヨシ／松本清

近年來於台灣積極拓展事業版圖，在日本門市數量超過 1600 間，全國各地幾乎都能見到的高認知度連鎖藥妝店。

門市主要集中於關東地區，在日本全國各地的車站附近或商店街都可見到的高知名度連鎖藥妝店。從醫藥品、保健食品到保養品，都有口碑相當不錯的自有品牌。由於知名度夠高，包括花王、高絲以及資生堂等大廠，也都會推出松本清專賣版本或限定組合。想要找熱門商品的特殊限定版本，來松本清絕對能有不少收穫！

マツモトキヨシ門市一覽
https://www.matsukiyo.co.jp/map

アインズ＆トルペ／AINZ&TULPE

來自北海道的藥妝連鎖店，近幾年積極進軍關東地區，在東京的新宿、原宿、自由之丘以及銀座等血拼熱點都有分店！

在原宿的表參道入口處以及新宿車站東口的分店，是許多人到東京一定會去朝聖的藥妝聖地。相較於醫藥品，AINZ&TULPE 的強項其實是在美妝保養。尤其是同集團的保養品牌 AYURA，在這裡都有品項齊全的專櫃與試用品。而重視香氛表現的自有品牌 LIPS and HIPS 也擁有相當高的人氣度。另外還設有地方美妝專區，陳列日本各地極具特色的和風美妝，非常適合喜歡特色美妝的藥妝迷。

アインズ＆トルペ門市一覽
https://ainz-tulpe.jp/shop/

オーエスドラッグ／OS藥妝

驚喜價格就在這邊！日本藥妝高手都知道的掃貨名店。不知道OS藥妝，就不能算是日本藥妝通！

　　來自大阪的低價促銷型藥妝連鎖。雖然不能刷卡也不能辦理退稅，但眾多商品都是以驚喜折扣價銷售，所以有時候甚至會比退稅還划算！OS藥妝的門市並不寬敞，商品擺放的方式略為擁擠，店裡面總是擠滿前來掃貨的華人。整體來說，OS藥妝的醫藥品強過於美妝保養品。因此若是親朋好友有委託代購醫藥品的話，相對適合來這邊一次購齊。

> オーエスドラッグ門市一覧
> http://www.osdrug.com/sub1.htm

ダイコクドラッグ／大國藥妝

蹤跡遍佈日本全國，特定明星熱銷商品驚喜價策略超級吸睛，是眾多觀光客撿便宜的重點藥妝連鎖。

　　北從北海道札幌、南至沖繩那霸，只要有觀光客的地方，都能看見大國藥妝的蹤跡。藥與妝的比例相當，絕大多數都是觀光客必掃貨的人氣商品，其中也有不少品項是以促銷價吸引顧客上門。在大國藥妝雖然不容易有新奇商品的新發現，但對於有特定掃貨目標的人來說，是家相當好買好逛的藥妝店。

> ダイコクドラッグ門市一覧
> https://daikokudrug.com/shop/

コスモス／ COSMOS 藥妝

重點人氣商品破盤價超吸睛！搶眼的桃紅色招牌，發跡自九州的藥妝連鎖黑馬。

發跡自日本九州，近年來積極拓展事業版圖至大阪與東京等地的藥妝激戰區。對於許多日本藥妝迷而言，COSMOS 絕對是必訪的撿便宜藥妝聖地，例如人氣眼藥水曾出現過低於 100 日圓的破盤價，絕對會令人誤以為是看錯標價。不過所有的破盤價，都僅限於第 1 件購入的商品。第二件之後的商品價格，就會恢復成其他促銷價格或是正常價格。

コスモス門市一覧
https://www.cosmospc.co.jp/shop/

除了上述幾家日本藥妝迷極為熟悉的日本藥妝店之外，其實北海道隨處可見的サツドラ（札幌藥妝），以及日本各地商店街都可見的コクミン（國民藥妝）、スギ局（SUGI 藥局）、サンドラッグ（尚都樂客）、ココカラファイン（可開嘉來）與ツルハドラッグ（鶴羽藥妝）等，也都是相當知名的藥妝連鎖。這些藥妝店經常會不定期推出優惠活動或獨特商品，下回到日本逛藥妝店時，不妨每一家都走走逛逛，看看能不能挖到寶哦！

美妝店特輯

PART

VARIETY SHOP 美妝雜貨店
バラエティショップ

相信不少人都有過一個共同的經驗，那就是不管跑了幾家藥妝店，就是找不到家人朋友想買的美妝保養品。這時候，你可能需要換個地方，因為那些美妝保養品很可能就隱藏在「美妝雜貨店」當中。

日本人所說的「バラエティショップ（Variety Shop）」，其實就是我們認知中的「美妝雜貨店」。傳統的美妝雜貨店規模相當大，從日常用品、家飾品到美妝保養品應有盡有，其賣場甚至可能廣達數個樓層之多，例如東急ハンズ以及 LoFt 都屬於這個類型。

另一方面，選物型的美妝雜貨店，則是因為精選了眾多可愛美妝保養品以及生活雜貨與衣飾品的關係，深受年輕女性喜愛。像是 PLAZA、IT'S DEMO 等等就是屬於選物型的美妝雜貨店。對日本女性而言，藥妝店並非採買美妝保養品的首選，有不少人更偏好強化美妝品項的美妝雜貨店。無論是傳統的大規模型或選物型，絕大部分的美妝雜貨店都具有以下四大特色：

特色 1 價格統一無變動

為避免因藥妝店削價競爭，造成品牌價值降低，許多耗費心力開發新品的中小型品牌，都會選擇在美妝雜貨店上架。現在甚至有不少大品牌，也都選擇同時進駐藥妝店及美妝店。這類美妝品的價格，通常走到哪都相同，因此可以省去不少比價的時間。

特色 2 限定商品較多

由於價格統一穩定，可以維持品牌價值的關係，許多廠商都會選在特定的美妝雜貨店，推出其通路限定商品。甚至有不少美妝雜貨店會與廠商或是版權商合作，推出自家通路的限定商品。喜歡限定品以及新鮮貨的人，非常推薦來這裡挖寶！

特色 3 試用品多又齊全

除了保養品之外，每一季都會推陳出新的彩妝品，也是美妝雜貨店的重點品項。為了讓消費者更快、更容易找到適合自己的色號，美妝雜貨店往往都是全色號大陣仗一字排開，這也難怪逛一趟美妝雜貨店需要花那麼多時間了（攤手）。

特色 4 賣場空間明亮寬敞

許多藥妝店因為陳列商品眾多，所以貨架間距比較狹窄，導致有些人覺得逛起來較有壓迫感。為能讓女性顧客能夠輕鬆且悠閒地試用及選購，美妝雜貨店的走道通常較為寬敞，而且裝潢會更加時尚。另外，在考量彩妝試色的需求下，整個賣場的照明設計也會更講究一些。

PLAZA

在日本眾多美妝店當中，若問起哪一間最有趣、最具特色，相信有不少日本女孩會首推 PLAZA。走美式休閒路線的 PLAZA，除各大日本美妝品牌之外，還精選許多來自歐美等地的人氣美妝品牌。例如，在台灣人氣也相當高的契爾氏（KIEHL'S），首次登陸日本時的主要亮相舞台便是 PLAZA。不只美妝保養品，PLAZA 最大特色就是店中每個角落，都可見來自海外的可愛雜貨及文具，讓每位踏進店裡的客人，都開心得像是走進了遊樂園般。

承襲 SONY 大膽創新的 DNA
打造豐富家居生活的 PLAZA

你可能不知道，誕生於 1966 年，在日本國內擁有近百家分店的 PLAZA，最早源自於日本消費電子產品大廠 SONY 之手。為何享譽全球的 SONY，會跨足毫無相關的美妝雜貨產業呢？這一切都要從勇於創新，喜歡挑戰業界框架的 SONY 創業者——盛田昭夫先生談起。

原先的索尼大樓在 2018 年拆除之後，便化身成為「Ginza Sony Park」，儼然是銀座這精華地段上的城市綠洲。在索尼大樓發跡的 PLAZA，是日本第一家以海外雜貨為主題的店家。店中所陳列銷售的商品，幾乎都是首度在日本亮相，可說是現代日本舶來品文化的重鎮。

在 1960 年代之時，盛田先生經常前往美國各大都市出差與視察，並且接觸當時美國相當普及的美式藥妝店。這種結合醫藥健康與日常用品的商店型態，讓盛田先生大為稱羨。就在 1963年 SONY 決定於銀座建造索尼大樓時，盛田先生便決定將美式藥妝店引進日本，因此 PLAZA 首家門市便誕生於索尼大樓之中（當時的名稱為 SONY plaza STORE）。

在 PLAZA 首家門市當中，有個氛圍相當獨特的角落，陳列在那邊的各種商品，對於當年的日本人來說，都顯得格外新鮮。PLAZA 總是走在時代的最前端，為前來的消費者展示各種海外的新玩意。今後不知道 PLAZA 會如何運用那充滿創意的 DNA，並以何種型態帶給世人更多的驚喜？

WHAT'S HOT NOW!?　答案就在 PLAZA 東京店

絕大部分的 PLAZA 門市，都位於車站建築或商場等商業設施之中，不過就在 2019 年 10 月，PLAZA 在東京山手線有樂町車站旁的東京國際會議中心，推出了全新的獨立概念店。無論是來看演唱會，或是前來 SHAKE SHACK 朝聖，都非常推薦來這邊挖寶，體驗時下美妝與雜貨新潮流。

PLAZA 東京店堪稱是創業近 55 年來，風格轉變最大的全新概念店。創業初期的 PLAZA，是一間主打海外輸入品的美妝雜貨店。到了這幾年，蒐集女孩們想要的所有商品，便成為 PLAZA 的核心理念。而這間全新的獨立概念店，則是 PLAZA 將 Things Girls Like 推升到極致的結晶。

PLAZA 東京店三大特色

身為 PLAZA 最具代表性的獨立概念店，有別於常見的門市型態，PLAZA 東京店具備以下三大特色。無論是想挑選特別的禮物，或是想來當個美妝雜貨文青，這裡都是相當不錯的選擇哦！

PLAZA 東京店
〒 100-0005 東京都千代田区丸の内 3-5-1
東京国際フォーラム A 棟 1F
週一〜週五 11:00 〜 21:00
週末例假日 10:00 〜 20:00

BROOKLYN ROASTING COMPANY
週一〜週五 8:00 〜 21:00
周末例假日 10:00 〜 20:00

PLAZA 門市一覽
https://www.plazastyle.com/store/

特色 1　門市面積大

不同於商業設施中的分店，PLAZA 東京店的賣場面積包含咖啡廳在內約有 150 坪。從美妝保養品到衣飾雜貨，陳列商品數量超過 8,500 項，就連門市走道也寬敞許多。即使商品數量眾多，但逛起來卻完全沒有壓迫感。

特色 2　季節禮品選擇多

在 PLAZA 長期派駐於紐約的專員精選之下，店內總是充滿著獨特的商品，因此許多日本女孩在挑選禮物給親朋好友時，PLAZA 便成為最佳的首選之地。在 PLAZA 東京店當中，就有一處專門陳列季節禮品，能讓任何人都輕鬆挑選到最符合季節感且極具特色的禮物。

特色 3　來自紐約的咖啡廳

PLAZA 東京店的另一個特色，就是逛著逛著就會聞到迷人的咖啡香。沒錯！有間充滿美式風格的咖啡廳，就坐落在門市的一角。逛累了嗎？不妨就在來自於紐約布魯克林的 BROOKLYN ROASTING COMPANY 喝杯濃郁的咖啡，歇個腿小憩一番吧！

深根歐美卡通版權事業
打造眾多獨家卡通聯名商品

　　充滿大量的海外輸入品，一直是 PLAZA 所承襲的重要 DNA 之一。其實不少人應該都有發現到，PLAZA 門市中除了日本海內外的美妝保養品之外，隨處都能看見可愛的卡通聯名商品。

　　事實上，PLAZA 手中握有許多歐美卡通人物在日本的版權，因此會結合許多品牌開發卡通聯名商品。這些商品從美妝保養、居家雜貨到文具，種類可說是多到令人眼花撩亂，有些還限定只有在 PLAZA 才能入手。

© 2020 A.T. & T.T.

　　來自法國的經典卡通人物－泡泡先生（BARBAPAPA），是 PLAZA 卡通版權事業旗下的重點明星。不只是近期與 Kracie 所合作的 naive 泡泡先生沐浴乳，還有許多可愛的聯名文具。在重要的門市活動時，泡泡先生巨型人偶也會現身與大家互動哦！

　　源自於美國，可愛又粉嫩的療癒系彩虹熊（CARE BEARS），也是 PLAZA 力推的重點卡通人物之一。不只是人人都想帶回家的文具與日用雜貨，甚至還特別開發出老少咸宜的手機遊戲。

　　史努比在日本境內的版權雖不是由 PLAZA 所管理，但 PLAZA 卻擁有相當豐富的史努比周邊商品。其數量之多且種類齊全，堪稱是史努比迷必逛的美妝雜貨店。

　　PLAZA 與 TWEMCO 合作開發，只有在這裡才能買到的史努比翻頁鐘。每年都會推出一款新設計，對於史奴比迷或是翻頁鐘收藏家而言，都極具入手價值。

每年兩波限定聯名
錯過就只能說抱歉啦！
BRAND NEW COSMETICS

綜觀全日本的藥妝店及美妝店，沒有人像 BRAND NEW COSMETICS 這樣子玩轉限定商品！每年 3 月及 8 月，PLAZA 便會選定主題卡通人物或品牌，推出一系列跨品牌的美妝品與各式雜貨商品。由於選定的主題卡通人物與聯名商品都具有高人氣和高知名度，因此每每一推出便造成搶購熱潮，晚來可就買不到囉！

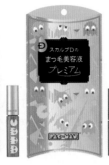

PAC-MAN ™& ©BANDAI NAMCO Entertainment Inc.

© 2020 Kellogg Company INC.

2019 年 8 月，PLAZA 採用 Kellogg's 家樂氏玉米穀片的吉祥物 —— 東尼虎作為聯名主角。從來沒有人能預料到餐桌上的穀片包裝，會搖身成為美妝品的聯名對象，可說是話題性十足，因此在上市前便引發熱烈討論。

PLAZA 在 2019 年 3 月的這波跨品牌聯名活動，採用經典電玩角色 PAC-MAN 小精靈作為主角。經典電玩角色人物結合美妝彩妝這種跳 TONE 的玩法，真的很有 PLAZA 愛給人驚喜的風格。

2020年3月新作

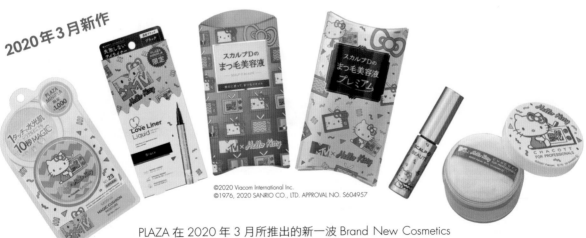

©2020 Viacom International Inc.
©1976, 2020 SANRIO CO., LTD. APPROVAL NO. S604957

PLAZA 在 2020 年 3 月所推出的新一波 Brand New Cosmetics 使出令人眼睛快睜不開的超耀眼大絕！這回跨品牌的限定品設計主題，竟然是 HELLO KITTY 與 MTV 的雙主題聯名。如此可愛又少見的跨品牌雙聯名限定品，怎麼輕易這樣錯過呢？

※ 限量商品售完為止。

PLAZA
BCL美妝精選

PLAZA 跟知名美妝廠 BCL 原本都是 SONY 旗下的子公司，
在個別分拆之後則是以關係企業的型態，維持著相當密切的關係。
因此在 PLAZA 可以找到許多精選的 BCL 美妝保養品，
甚至還有專供 PLAZA 獨家販售的限定商品。

Saborino 早安面膜系列

Saborino 目ざまシート
朝用マスク しっとりタイプ

廠商名稱 ● BCL
容量/價格 ● 32 片 / 1,300 円

在台灣又被稱為酪梨款的經典品項，
也是整個系列最長銷且最熱賣的始祖
級早安面膜。帶有舒服的果調草本香，
使用起來滋潤度剛剛好，就算是夏天
使用也不會覺得厚重。

說到這幾年日本熱賣到翻的每日面膜，就不能不提
到 Saborino 的早安面膜系列。自從 2015 年上市以來，
至今已賣出超過 4 億片，在日本各大美妝排行榜更是奪
下無數的冠軍殊榮，堪稱是開拓早安面膜市場的始
祖。Saborino 號稱起床後只要敷個 60 秒，就能同時完
成洗臉、保養以及妝前飾底等步驟，讓忙碌的現代人能
夠多賴床個幾分鐘，著實顛覆大家的晨間保養習慣。

Saborino 目ざまシート
完熟果実の高保湿タイプ

廠商名稱 ● BCL
容量/價格 ● 28 片 / 1,300 円

微酸帶甜的清新莓果香，使用起來比
酪梨款還要更加滋潤一些。適合膚質
偏乾，或是較為乾燥的季節使用。即
便是滋潤度提升，使用起來並不會有
討厭的黏膩感。

Saborino お疲れさマスク

廠商名稱 ● BCL
容量/價格 ● 28 片 / 1,300 円

在愛用者千呼萬喚之下，Saborino 系
列所推出的第一款夜用懶人面膜。洗
完澡後只要敷個 60 秒，就能一口氣
完成所有的基礎保養。洋甘菊加鮮橙
的清新香調，聞起來特別令人感到放
鬆。

PLAZA
限定

Saborino 目ざまシート
チェリーフィズ＆ベリー

廠商名稱 ● BCL
容量/價格 ● 28 片 / 1,300 円

Saborino 每年都會推出 PLAZA 獨賣的
限定款。2020 所推出的限定品，是
聞起來十分鮮甜的櫻桃莓果香。滋潤
度表現相當不錯，因為是冬季推出的
關係，還特別降低使用時的清涼感。
註：限定品售完為止。

數量限定

深層洗淨型　　　　　保濕水潤型

Saborino Otona Plus
夜用チャージフルマスク

廠商名稱 ● BCL
容量/價格 ● 32 片 / 1,600 円

Saborino 系列當中強化保濕潤澤力，
專為乾燥肌、不穩肌以及小細紋問題
所打造的大人速效晚安面膜。原本為
限定商品，但因為使用者反映熱烈，
所以從 2020 年 2 月起成為常態商品。

Saborino Otona Plus
夜用チャージフルマスク
ホワイト

廠商名稱 ● BCL
容量/價格 ● 32 片 / 1,600 円

潤澤保濕表現能滿足乾燥肌與不穩肌
之保養需求的 Saborino 大人速效晚安
面膜，在 2020 年推出全新的亮白版
本。除了原有的多重保濕潤澤成分之
外，還額外添加維生素 C 衍生物，讓
肌膚在夏季也能散發出自然的透亮
感。

CLEANSING RESEARCH
ウォッシュクレンジング
バーバパパデザイン

廠商名稱 ● BCL
容量/價格 ● 120g / 1,000 円

上市至今人氣仍居高不下，堪稱 BCL
鎮店之寶的 AHA 角質護理洗面乳與泡
泡先生合作，推出限定聯名設計款。
洗淨感相當溫和，卻又能確實潔淨毛
孔髒汙及多餘皮脂，包裝又如此可愛，
看到的話記得先丟進購物籃再説！

PUFFY POD
マイルドピーリングパッド

廠商名稱 ● BCL
容量/價格 ● 60 片 / 1,400 円

每一片都吸飽精華保養成分的去角質
擦拭棉。洗完臉後可先用凹凸面擦拭
老廢角質以及毛孔髒汙，之後再利用
平坦面溫和輕壓全臉，可讓精華成分
發揮導入作用，讓後續保養的吸收力
變得更好。

數量限定

甜蜜柑橘香　　　　　　　清新檸檬香

MOWSHIRO
トーンアップクリーム

廠商名稱 ● BCL
容量/價格 ● 30g / 1,500 円

只要輕輕一塗，就可以讓肌膚瞬間呈
現亮白一個色階的乳霜。除了塗抹全
臉當成飾底乳使用之外，也能拿來打
亮局部膚色，讓五官顯得更有神且立
體。搭配牛乳蛋白萃取物及 12 種美
容精華成分，能發揮非常棒的潤澤作
用。

數量限定

ミルクホワイト／清透白肌型　　いちごピンク／粉嫩白肌型　　ラベンダー／粉紫嫩白型

PLAZA
熱門美妝精選

除了 BCL 精選美妝保養品之外，PLAZA 也擅長挑選真正具有潛力與人氣的各國美妝保養品。接下來，就為大家介紹 PLAZA 熱賣的日本海內外人氣品項。

2020 東京限定版　　2019 倫敦限定版

2018 紐約限定版　　2017 巴黎限定版

BIODERMA Pigmentbio
エイチツーオーホワイト

廠商名稱 ● BIODERMA
容量/價格 ● 250mL / 2,300 円

來自法國貝膚黛瑪，已經是相當知名的敏感肌保養品牌。在 2020 年所推出的全新美白系列中，當然少不了經典的卸妝水。在承襲一貫溫和卻出色的潔淨力同時，還搭配獨家的複合亮白成分，從潔淨肌膚的步驟開始，就能應對紫外線與環境因素所引發的黑斑等肌膚困擾。

Embryolisse.
モイスチャークリーム

廠商名稱 ● Embryolisse.
容量/價格 ● 50mL / 1,800 円

滋潤表現相當棒的法國恩倍思神奇保濕霜，一直是支持度相當高的保濕聖品。自 2017 年起，每年年初都會推出法國美妝少見的限定包裝版本。或許是受東京奧運的影響，2020 年的限定版主題為東京，喜歡蒐集限定包裝的人可別錯過囉！

LA ROCHE-POSAY
UV イデア XL プロテクション
トーンアップローズ

廠商名稱 ● L'ORÉAL
容量/價格 ● 30mL / 3,400 円

可讓肌膚散發清透感，在日本人氣直線上升的理膚寶水的潤色防曬乳。這條來自法國敏感肌保養品牌的防曬乳本身帶有玫瑰粉色，使用後可讓氣色看起來更加自然且紅潤。
（SPF50+・PA++++）

TAKAMI
タカミスキンピール

廠商名稱 ● TAKAMI
容量/價格 ● 30mL / 4,800 円

這瓶號稱能夠調節肌膚代謝狀態，喚醒原有健康膚況的角質美容水，出自於表參道上一家醫美診所。自 2005 年上市以來，銷售數量早就突破 500 萬瓶。對於肌膚乾荒、毛孔粗大或是膚紋紊亂等肌膚代謝不良所引發的問題，似乎可以期待從這一瓶找到解答。

TSUDA SETSUKO
スキンバリアバーム

廠商名稱 ● ドクター津田コスメラボ
容量/價格 ● 18g / 5,400 円

由皮膚科醫師歷經 30 年的看診經驗，調合多種肌膚所需的維生素與礦物質，專為壓力或生活習慣不佳所引起之肌膚乾荒問題所開發的防護膏。由於未加任何一滴水，所以質地略顯乾硬，只要用手指溫度輕搓就能化開。建議可以在保養的最後一道程序使用，為敏弱肌加強一道防護層。

BURGUNDY 葡萄酒紅 　　KHAKI 卡其綠

RED 蜜紅 　　CORAL PINK 珊瑚 　　BURGUNDY 酒紅

UZU
アイオープニングライナー

廠商名稱 ● フローフシ
容量/價格 ● 1,500 円

包裝走極簡設計風，採硬紙板壓製再搭配立體燙金
字體，整體質感指數大爆表的眼線筆。質感扎實的
八角形筆桿，放在桌上不易滾動。筆刷是由七位傳
統工匠，以黃金比例混和四種刷毛所打造而成的
「大和匠筆」。針對亞洲高溫潮濕的氣候所設計，
不只是耐濕且抗油，就算在夏季使用也不易暈染。
顏色選擇多達 13 種，不只實用，更帶有多變的玩
心。

オペラ R
リップティント

廠商名稱 ● イミュ
容量/價格 ● 1,500 円

在台灣被稱為渲漾水色唇膏的 OPERA
LIP TINT 因為顯色清透自然，而且不容
易脫妝的關係，上市以來就持續熱賣
超過百萬支。不只是日本女孩喜歡，
不少台灣女生到日本也是搶到翻。除
了經典的 01 蜜紅與 05 珊瑚之外，新
色 08 酒紅的人氣度也相當高。

デジャヴュ
ラッシュアップ E
ダークブラウン

廠商名稱 ● イミュ
容量/價格 ● 1,200 円

不管再細的睫毛，都能刷出立體妝感的「超
極細刷頭」睫毛膏。眼尾以及眼頭這些刷頭
難以刷到的部位，這支睫毛膏都能全數征
服，而且刷起來完全不結塊。抗汗耐水且防
油撥淚，擁有超強的不易脫妝特性，但只需
要使用溫水就卸除乾淨！

エイトザタラソ
ヘアオイル

廠商名稱 ● ステラシード
容量/價格 ● 100mL/1,400 円

融合蘋果幹細胞萃取物以及 3 種來自
海洋的保養成分，可幫助修復乾燥亂
翹且無光澤感的髮絲。質地濃密卻不
黏膩，無論是洗髮後、吹整前或是白
天出門前，都能用來潤澤與保護秀髮。

サイン
システミックオイル

廠商名稱 ● サイン
容量/價格 ● 120mL/1,500 円

採用乳油木果油與米糠油所調合而成
的美容油，非常適合用來打造日本時
下流行的亮澤髮妝感。不只是頭髮，
其實在沐浴之後也很適合拿來保養全
身肌膚，或是用於強化雙手肌膚的潤
澤度。

日本具代表性的美妝雜貨店

東急ハンズ／ TOKYU HANDS

在台灣稱為「手創館」的東急手，因為在台設有分店的關係，可說是許多人最為熟悉的日系美妝雜貨店了。

品牌定位為「CREATIVE LIFE STORE」的東急手，除了大家愛逛愛買的美妝保養品之外，最大的特色在於家飾 DIY 及手工藝相關道具十分多元且齊全。對於假日喜歡在家 DIY 打造屬於自己小天地，或是熱衷於各種手工藝的人來說，這裡可說是絕佳的挖寶聖地。

東急ハンズ門市一覽
https://www.tokyu-hands.co.jp/list/

ロフト／ LoFt

ロフト（LoFt）過去曾是 7&i 控股旗下的崇光西武子公司。基於這層關係，在許多西武百貨、SOGO 百貨、伊藤洋華堂、Ario 等商業設施當中，也都有 LoFt 進駐其中。

2019 年 LoFt 在有樂町・銀座這塊精華地上，打造一座擁有 6 個樓層的旗艦門市，在美妝店業界引起不小的話題。除美妝保養品之外，LoFt 最引以為傲的強項，就是種類多到令人眼花撩亂的文具。對於文具迷來說，根本就是個走進來就很難空手走出去的夢幻天堂！

ロフト門市一覽
https://www.loft.co.jp/shop_list/

@cosme store

　每年都會舉辦兩次美妝排行榜，門市內許多陳列架也都是以排行榜形式設計。由於強調試用滿意之後再購買的銷售模式，因此門市內眾多商品都備有試用品，而且還設置有洗手檯等設備，試用環境可說是十分舒適貼心。

　這幾年 @cosme store 的商品路線出現了一些變化，從原本中價位為主的門市型態，慢慢轉型成為強化頂級品牌的高端路線。除了 @cosme store 向來力推的 ALBION 之外，肌膚之鑰、黛珂、PAUL&JOE、AYURA 這些百貨品牌，以及 LISSAGE、Prédia、BENEFIQUE 這些化妝品專門店的專屬品牌也都聚集一堂，可說是少見的跨通路類型美妝店。

@cosme store 門市一覽
https://cosmestore.net/shop/

Cosme Kitchen

　在日本眾多美妝店當中，Cosme Kitchen 是主題性相當明確，風格也非常獨特的類型。主打追求 Organic Life 的 Cosme Kitchen，其門市內陳列著許多來自全球各地的自然派與有機保養品。如果你崇尚自然無負擔的保養風格，相信這裡會是很棒的新天地。

　不只是來自歐美各國的有機保養品，就連 do organic 這一類日本國產有機品牌，在 Cosme Kitchen 都可以找到相當完整的系列商品。此外，這裡也陳列著許多包裝可愛，專為肌膚較敏弱的嬰孩或兒童所開發的沐浴保養用品。要挑選禮物送給有嬰幼兒的親朋好友，來這裡準沒錯。

Cosme Kitchen 門市一覽
http://cosmekitchen.jp/store_list/

IT'S DEMO

　IT'S DEMO 的品牌概念是讓下班回家的女性都想特別繞進來逛逛的地方。既然要吸引女性，門市內所陳列的商品就得夠有特色才行！

　沒錯！許多人對於 IT'S DEMO 的第一印象，就是「可愛」這兩個字。除了各大品牌原本就推出的卡通聯名限定款之外，IT'S DEMO 其實也和許多美妝廠合作，每一季都會推出獨家限定的迪士尼聯名商品。對於喜歡迪士尼的粉絲來說，在這裡絕對可以找到許多可愛又特別的獨家迪士尼限定商品❤

IT'S DEMO 門市一覽
https://store.world.co.jp/real-store-search?pcf=1&br=BR166&link_id=166_H_shop

特別情報
研究室

PART 3

熱銷全球35年

日本保養界的琉璃色
經典傳奇 KOSÉ雪肌精

35th Anniversary Since 1985

雪肌精採用東洋草本調理膚質的概念，在日本保養品業界獨樹一格，
甚至被譽為日本最具代表性的化妝水之一。
瓶身散發出優雅且沉穩的氣息，宛如湛藍琉璃般的雪肌精，
在 2020 年 5 月迎來誕生 35 周年的紀念日。

熱賣長銷的經典化妝水

誕生於 1985 年的雪肌精，在日本高絲（集團）堪稱是世代傳承的長銷型化妝水。即使今日的雪肌精，已經成長為系列品項超過 80 種商品的國際知名品牌，但其實直到 2000 年時，雪肌精才推出整個品牌的第二個品項「藥用雪肌精クリーム（雪肌精乳霜）」。在這之前的 15 年當中，雪肌精僅靠一瓶化妝水，就在競爭激烈的日本保養品業界中打下穩固基礎，成為至今仍難以超越的傳奇商品。

高辨識度的琉璃藍

全球累積銷量早已突破 6,000 萬瓶的雪肌精，其容器從誕生至今仍採用相同的設計。以圓弧曲線收邊的長方瓶，不僅極具特色，而且也相當方便拿取。在配色方面，更是選擇了極具辨識度的琉璃藍。據說，雪肌精是以東洋草本為概念所開發，因此在選擇容器顏色時，特別參考調劑室當中的藍色瓶罐設計，最後才選定以琉璃色作為象徵品牌的主色調。

少見的全漢字命名

說到雪肌精另一個最大的特色，那就是它的名字。在當時普遍以英文為品牌或產品命名的主流風潮之中，KOSÉ 大膽地以全漢字進行命名。正因為如此，在人口眾多的華語圈當中，雪肌精便成為一款沒有語言隔閡障礙的高人氣品牌。在品名的文字設計方面，為能襯托「東洋草本配方」這項最顯著的特色，KOSÉ 更是精心選擇中國古代官方所用字體，歷史更甚於楷書、能散發出優雅古典美的「曾蘭隸書體」。

舒服潤澤的東方草本保養

雪肌精之所以能成為化粧水界中的長壽熱銷單品之一，其實那清爽質地與舒服的潤澤感，是相當重要的關鍵特色。為實現淨透肌的品牌核心精神，雪肌精從上百種草本植物當中，選定了薏仁、當歸以及土白蘞這三種東洋草本，萃取出具有保濕及淨白肌膚效果的珍貴成分。在質地輕透如水，略帶白濁色的雪肌精當中，均勻包含著些許的微粒子化潤澤成分。因此，雪肌精在與肌膚接觸的一瞬間，會像是雪花融化般地滲透至肌膚底層，發揮輕透不厚重的滋潤感。就是這股奇特且舒服的使用感，讓許多人試過之後就成為忠實粉絲，再也離不開雪肌精的細緻呵護。

大家好！我日本藥粧研究家·世彬老師！對我來說，雪肌精是相當具有紀念價值且愛用多年的化妝水。因為它是我人生中第一次自己選購的化妝水，也是讓我對日系美妝保養品開始產生興趣的啟蒙老師。即使現在用遍了各大品牌，雪肌精仍是我的日常保養固定班底。

水敷容保養步驟

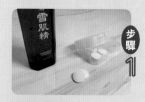

步驟 1　事先準備好這種許多藥妝店都會販賣，在台灣又被稱為「水敷容」的壓縮面膜紙。價位通常不高，建議使用後拋棄，不要重複使用。

步驟 2　仔細觀察雪肌精的瓶蓋內側，可發現有一條刻度線。只要先將雪肌精倒滿至瓶蓋內刻度，即可簡單量好水敷容的化妝水單次用量。

步驟 3　接著，將水敷容放進雪肌精的瓶蓋內，等待完全吸飽雪肌精並膨脹之後，就可以將面膜紙展開敷在全臉上。

💧 不只是化妝水
保養達人都愛的水敷保養法

　　除一般擦拭或塗抹等保養方式之外，雪肌精也很適合用來進行水敷保養。只要簡單敷個 3～5 分鐘，不僅能發揮相當不錯的舒緩效果，也能幫肌膚保養打好基底，讓後續保養效率更升級。

　　常見的化妝水水敷保養小工具，可分為水敷容這類的壓縮面膜紙，以及日常保養經常使用到的化妝棉。接下來，就為大家簡單解說如何使用這兩個小幫手來進行每日水敷保養。

化妝棉保養步驟

步驟 1　通常建議挑選無縫邊的大片厚型化妝棉，不僅能有效率地覆蓋臉部保養部位，而且在吸飽化妝水之後，也比較容易撕成好幾片使用。

步驟 2　將化妝棉撕成適當的厚度。一般來說，厚型化妝棉大多可撕成 2～4 片，可依照實際狀況調整片數。

步驟 3　接著，將化妝棉貼在想要強化保養的部位。由於沾濕後的化妝棉服貼性高，對於鼻翼以及下巴這些片狀面膜經常無法完整服貼的部位，可進行相當不錯的強化保養。

雪肌精
薬用 雪肌精

容量/價格● 200mL / 5,000 円
　　　　　360mL / 7,500 円

訴求能夠實現淨透肌的長銷化妝水。主成分為三種具備淨白與保濕作用的東洋草本淬取液，堪稱是 KOSÉ 的鎮店之寶，也是雪肌精系列的品牌核心與起點。（医薬部外品）

雪肌精
薬用 雪肌精 乳液

容量/價格● 140mL / 5,000 円

搭配 5 種保濕淨白東洋草本淬取成分，質地略為濃密，肌膚滲透力及潤澤力表現相當不錯，使用後肌膚表面卻不黏不膩，可以說是全年通用型的乳液。（医薬部外品）

雪肌精
トリートメント
クレンジング オイル

容量/價格● 160mL / 2,000 円

卸妝油絕妙調和薏仁籽油、胡麻籽油及紅花籽油，在雪肌精獨特的香氛包覆下，讓卸妝就像是使用草本香氛精油按摩全臉般舒服。可簡單洗淨殘妝與暗沉，讓肌膚更顯清透。

雪肌精
ホワイト クリーム
ウォッシュ

容量/價格● 130g / 2,000 円

自上市以來就擁有超高人氣的雪肌精洗面乳。特有的東洋草本淬取成分，搭配對肌膚低負擔的植淬洗淨成分，即使只用雙手，也可以搓出相當濃密的潔顏泡。

雪肌精
ハーバル ジェル

容量/價格● 80g / 3,800 円

可同時替代乳液、精華液、乳霜、按摩霜及面膜等 5 大保養程序的全效保養凝露。添加多種淨白與保濕東洋草本淬取成分，並融合不黏膩的潤澤美容油成分，即使在潮濕悶熱的夏季使用，也不會覺得厚重。

雪肌精
クリア ホワイトニング
マスク

容量/價格● 80g / 2,400 円

日本國內找不到的海外隱藏成員——淨白黑面膜。只要塗抹於全臉，並在乾燥之後撕除即可。除了能夠一掃肌膚的暗沉感，也能改善毛孔粉刺及肌膚上的細微雜毛，讓使用後的肌膚摸起來更為滑嫩。

雪肌精
ホワイト BB クリーム

容量/價格● 30g / 2,600 円

BB 霜添加雪肌精獨特的淨白保濕東洋草本成分，在上完化妝水之後，只要輕輕一抹，就能一口氣完成日常保養及基本妝容。在獨特的雪晶粉體折射光線之下，妝感會顯得輕柔帶光且自然。（SPF40・PA+++）

※ 此產品非保養品，使用後需徹底卸妝清潔，以免引發刺激或過敏等症狀。

雪肌精
ホワイト CC クリーム

容量/價格● 30g / 2,600 円

搭配雪肌精保濕成分，一條就可簡單完成保養與底妝的 CC 霜。不只能夠透過柔焦效果，讓肌膚看起來更顯柔嫩細緻，也能自然地遮飾臉上的小瑕疵。即使到了傍晚臉部出油，還是能夠維持完美妝容不黯沉。（SPF50・PA++++）

※ 此產品非保養品，使用後需徹底卸妝清潔，以免引發刺激或過敏等症狀。

雪肌精

SEKKISEI
ESSENTIAL SOUFFLE

KOSÉ

完美融合精華液的肌膚滲透力
與乳液的密封潤澤力

質地宛如舒芙蕾般輕盈的
新觸感精華乳
雪肌精 舒芙蕾精華乳

　　明明是潤澤力表現優秀的乳液，使用起來
卻像是精華液一般清爽。這瓶雪肌精於 2019
年秋季所推出的全新乳液，採用獨特的雙層
密封配方，不僅能確實封住潤澤成分，同時
還能讓肌膚表面維持清爽滑嫩。黏膩消失，
滋潤留下，這神奇的使用感，讓肌膚就像舒
芙蕾般，內在膨潤保濕，外在則是清爽細緻。
對於不喜歡黏膩感的人，或是居住在潮濕高
溫地區的人們來說，都是相當值得一試的新
形態乳液。

雪肌精
エッセンシャル スフレ

容量/價格●140mL/3,800 円

防曬同時保養

徹底實現清透美肌不怕曬
雪肌精 保水UV防禦系列

添加薏仁複合保濕成分，強化保養機能的雪肌精保水 UV 防禦系列，在2020 年春季推出升級進化版，大幅提升保養效果、肌膚清透感以及使用舒適度。無論是抗汗防水的防曬乳，或是膚觸感輕透如水的防曬凝露，都添加了高比例的美容保養成分。

這次升級改版中的重要技術之一，就是採用全新的乾燥抵禦技術。在塗抹於肌膚之後，能持續發揮補給水分的作用，使肌膚不會感覺乾燥，同時還搭配皮脂吸附成分，可維持肌膚清爽，因此也能拿來作為飾底乳，同時提升持妝效果。

防曬乳適合戶外活動及運動時使用

防曬凝露適合日常通勤與活動時使用

防曬精華適合日常通勤與活動時使用

雪肌精
スキンケア UV ミルク

容量/價格 ● 25g / 1,100 円
　　　　　　60g / 2,400 円

保養精華成分高達70%，質地宛如乳液般濃密，延展時觸感相當滑順。在均勻塗抹之後，防曬乳會在肌膚表面形成一道服貼的滋潤保水層，讓肌膚持續維持滋潤度。即使抗汗防水，但使用一般洗面乳就能輕鬆卸除。（SPF50+‧PA++++）

雪肌精
スキンケア UV ジェル

容量/價格 ● 40g / 1,050 円
　　　　　　90g / 2,100 円

保養精華成分高達80%，質地極為清透無負擔的防曬凝露。同樣能夠長時間維持肌膚水潤，且搭配皮脂吸附成分，對於重視輕透以及不黏膩等使用感的人來說，是通勤、通學或是外出購物時最適合的防曬品。（SPF50+‧PA++++）

雪肌精
スキンケア UV トーンアップ

容量/價格 ● 35g / 1,500 円

保養精華成分高達80%，質地較為濃密而接近防曬乳。這條防曬精華本身帶有粉嫩的薰衣草色，使用時不僅能發揮基本防曬與保濕機能，更能一掃肌膚表面的黯沉感，讓肌膚瞬間明亮一個色階，使氣色看起來更有活力！（SPF30‧PA+++）

重現日本傳統工藝美學
展現獨特的視覺與觸覺

在這波更名改版當中，雪肌精御雅系列也推出了全新產品線──雪肌精御雅 **極奧系列**。在容器包裝方面，則是傳承原先獨特的雙層構造。主配色由原本的淡雅白，改為象徵日本沉穩氣息的日本藍。在看似半透明的外層之下，仿造日本傳統技藝的鎚起銅器花紋，賦予瓶身手作的溫度感。宛如日本會席料理上精緻的餐具般，在視覺上及觸覺上，都散發出獨特的禪學氣息與氛圍。

配合雪肌精御雅的優雅風格，改版後的首波代言人是由國際體壇頗負盛名、日本首位在冬季奧運奪得金牌的滑冰選手‧羽生結弦。他上場時那外表冷靜但內心狂熱的獨特風格，正和雪肌精みやび優雅氣息下充滿生命力的保養訴求相互輝映。

絕不妥協、直達透明感新境界
雪肌精御雅 極奧系列

　　集結 KOSÉ 累積 70 年的技術研發成果，於 2016 年誕生雪肌精全新品牌 MYV，堪稱是日本保養品業界中極少數結合高質感與和風氣息的品牌。就在雪肌精品牌創立滿 35 周年的 2020 年，雪肌精 MYV 將融合英文字母的品牌名稱，正式更改為更富和風之美的雪肌精みやび。為徹底展現品牌和風之美，於新 LOGO 的設計上，也邀請了知名書道家‧岡西佑奈大師揮毫，完成這充滿流暢與生命力的絕美品牌 LOGO。

雪肌精みやび
アルティメイトライン

　　全新升級改版的雪肌精御雅 極奧系列，主打能讓肌膚彷彿被注入活力般，使肌膚散發出滿滿的極致清透感。除原先的當歸、土白薇以及金櫻子等東洋草本成分之外，薏仁淬取液則是全面進化成為富含維生素 C 的薏仁 R2 淬取成分，同時還搭配保濕成分植物根部淬取液，讓全系列產品具備無懈可擊的保養效果。

雪肌精みやび
アルティメイト
クレンジング クリーム

容量/價格● 130g / 5,000 円

搭配多種植淬蠟質成分，質地相當濃密但延展性高。在豐富的親水性潤澤成分作用下，卸完妝的肌膚，會顯得柔嫩且水潤。添加植物精華油的清新香氛，讓卸妝成為放鬆身心的保養第一步。

極奧卸妝霜

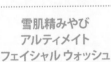

極奧潔膚乳

極奧光能露

極奧光能乳

雪肌精みやび
アルティメイト
デイ エッセンス

容量/價格● 30mL / 7,000 円

輕輕一抹，就能在肌膚表面形成一道薄膜，不僅能維持肌膚滋潤度，還能保護肌膚不受日間外在環境傷害。使用時膚觸顯得清爽舒適，不會有黏膩的厚重感。

（SPF30・PA+++）

極奧精粹柔膚乳

極奧湛活霜

1　　　2　　　3　　　4　　　5　　　6

雪肌精みやび
アルティメイト
フェイシャル ウォッシュ

容量/價格● 200mL / 5,000 円

採用來自於植物的洗淨成分，不須搭配起泡網就能搓揉出細緻的潔顏泡泡，可溫和但確實的清潔毛孔髒污及殘留於臉部的老廢角質和多餘油脂。添加多種草本成分，洗完臉後也能讓肌膚維持良好的滋潤度。

雪肌精みやび
アルティメイト
ローション

容量/價格● 200mL / 10,000 円

質地宛如精華液般，帶有相當滑順的觸感，於臉部肌膚延展時，彷彿沒有阻力般，不會使肌膚受到過度拉扯。滲透力表現也相當優異，能輔助後續保養品更容易滲透至肌膚角質底層。

雪肌精みやび
アルティメイト
エマルジョン

容量/價格● 140mL / 10,000 円

添加澳洲堅果油，具備相當高水準的潤澤效果，讓肌膚表層及角質層都顯得更加柔嫩彈潤，散發出健康的自然光澤感。建議搭配化妝棉使用，大約按壓三次壓頭，即可擦拭全臉肌膚。

雪肌精みやび
アルティメイト クリーム

容量/價格● 50g / 20,000 円

以黃金比例融合植淬油等多重潤澤保濕成分，質地相當滑順易於延展，能快速滲透至肌膚深處。只要約 1 粒珍珠大小的分量，均勻點在額頭、兩頰、鼻子及下巴等部位，再輕輕推展開來，就能讓肌膚一整天維持水嫩膨潤的狀態。

雪肌精 MYV サイクレイター

容量/價格 ● 50mL / 6,000 円

除了擁有與雪肌精御雅系列共通的
成分之外，還搭配赤芝莖、薑根、
茯苓等多種和漢草本淬取液及美白
成分，是一瓶能帶來舒適柔滑膚觸
的美白前導精華液。連續按壓兩次
壓頭的份量，可按摩保養整張臉龐。
在植物精油的引導下，不但可使臉
部肌肉放鬆，也能幫助後續保養品
的吸收與滲透。若是不搭配按摩，
單純只是塗抹保養，則全臉用量僅
需按壓一次即可。（医薬部外品）

雪肌精 MYV アクティライズ ゴールデンスリーピング マスク

容量/價格 ● 100g / 5,000 円

不只散發出奢華的視覺感，更能讓肌膚
充滿活力且水嫩彈潤的晚安面膜。激活
和漢保養力，搭配發酵成分，以及來自
日本傳統技藝中的滿滿金箔。只要使用
於睡前的最後一道保養程序，隔日醒
來，就能感受到肌膚變得豐潤水嫩，散
發出健康迷人的光澤感。

雪肌精全球概念店

雪肌精グローバルカウンター

　　在日本僅有 6 個據點的雪肌精全球概念店，是專為展現雪肌精みやび和漢草本保養世界觀的專櫃，而這些專櫃主要設點皆位於百貨通路。在台灣，目前雖然有 40 處以上的高絲專櫃販售雪肌精御雅系列，但專屬雪肌精みやび的全球概念店僅有 1 處。

　　在雪肌精御雅 極奧系列上市之際，所有的雪肌精全球概念店都會進行翻新改版。這次的櫃位設計師，仍是由日本國寶級設計師「隈研吾」擔任，主配色從溫暖的和風木調，轉為雪白與日本藍所調和而成的沉穩和風。第一個採用新設計的雪肌精全球概念店，是 2020 年 3 月 25 日全新設立櫃位的東京・銀座三越。

日本・大阪／あべのハルカス近鉄本店
〒 545-6016
大阪府大阪市阿倍野区阿倍野筋 1 丁目 1-43
あべのハルカス近鉄本店 2F

日本・大阪／大丸心斎橋店
〒 542-8501
大阪府大阪市中央区心斎橋筋 1 丁目 7-1
大丸心斎橋南館 4F

東京・銀座三越
〒 104-8212
東京都中央区銀座 4-6-16　銀座三越 B1

日本・札幌／札幌三越店
〒 060-0061
北海道札幌市中央区南 1 条西 3 丁目 8
本館化粧品フロア 1F

日本・福岡／福岡三越店
〒 810-8544
福岡県福岡市中央区天神 2-1-1
福岡三越 1F

日本・成田／イオンスタイル成田
〒 286-0029
千葉県成田市ウイング土屋 24
AEON STYLE 1F

台灣・高雄／漢神巨蛋
〒 813-55
高雄市左營區博愛二路 777 號
漢神巨蛋購物廣場 1F

人氣不墜的奇蹟美容油推手

來自北海道的無添加主義　HABA

　　質地澄澈，裝在透明小瓶當中，乍看之下宛如香水般的 HABA 純海角鯊精純液，堪稱是日本最具代表性的美容油之一。長年以來備受華人青睞，有些櫃位據點還限制購買數量，甚至還婉拒藥妝店的設櫃邀約。

　　在採訪 HABA 位於北海道的工廠時，日本藥粧研究室好奇地問：「既然有藥妝店想賣你們家的產品，為何不繼續拓展銷售據點呢？」對於這個問題，小柳社長只是笑笑地回答：「因為我們只想提供最好的產品，給我們每一位重要的愛用者。」其實，這就是 HABA 不願為了衝高銷量而妥協品質的堅持。

　　自 2004 年上市以來，純海角鯊精純液的銷售數量，早就已經超過 2,400 萬瓶。由於原料珍貴，加上 HABA 向來對於品質要求極高，因此一直以來，都像是個固執的日本職人般，不疾不徐地按照自己的步調，製造出人人都想入手的奇蹟美容油。

高品位「スクワラン」

容量/價格 ● 15mL / 1,400 円
　　　　　　30mL / 2,500 円
　　　　　　60mL / 4,600 円
　　　　　 120mL / 8,500 円

上完化妝水之後，只要一滴就可取代乳液及乳霜，被日本知名美妝網站封為殿堂級美容油。純度高達 99.9%，可在肌膚表面形成滑嫩的鎖水薄膜，並發揮保濕、活化、修護、抗老及彈力等輔助機能。即便是最小容量的 15 毫升，也能使用約 3 個月之久。

春 夏 秋 冬

HABA 的熱門健康輔助食品

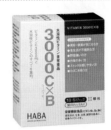

3000 C × B

容量/價格● 30 條/2,200 円

C×B（シーバイビー）是 HABA
創業時誕生的第一個產品系列。每
天一條，可輕鬆補充 3,000 毫克
的維生素 C 及 B 群等 10 種水溶性
維生素。

スクワレン SP

容量/價格● 90 粒/2,200 円

鯊魚肝油純度為 99.9%的角鯊烯
膠囊，不只適用於輔助美容健康，
也很推薦在應酬喝酒前來 1 粒！

つるつるハトムギ

容量/價格● 450 粒/6,500 円

原料選用日本國產薏仁，與一般薏
仁相比，膳食纖維量高出約 48 倍，
因此不只有益於美顏，也有不少愛
用者拿來作為腸道健康的輔助食
品。

座落於好山好水北海道，
美得一點都不像是工廠的 HABA 庭園工廠

　　HABA 絕大部分的產品，都誕生於這座位在北海道苫小牧的廠區。
剛踏入 HABA 工廠的那一剎那，完全不會意識到自己是來參觀工
廠，反而覺得來到了一座寬敞的公園。一年四季不論何時，HABA
的庭園工廠總是被自然美景所環抱，令人心曠神怡。

　　不只是外頭的庭園，HABA 廠房內的環境一樣相當講究。所有產
品在製造、填充方面，都是採用符合標準的自動化設備。不過，最
令人感到驚訝的是，在產品包裝這條作業線上，HABA 卻採用了純
人工的作業方式。這是基於 HABA 的核心精神信念——不管生產幾
萬個商品，送到消費者手中的，都是唯一的那一個。因此員工會逐
一拿起檢視，確認沒有問題與瑕疵後，才會將產品放進紙盒當中。

　　因純海角鯊精純液而聲名大噪的 HABA，其實最早並不是以美妝
保養品起家。HABA 的品牌名稱是「Health Aid Beauty Aid」（為健
康與美麗提供協助）的縮寫，在 1983 年創立之初，是以生產健康
輔助食品為主。

實現雪花般澄澈水潤白嫩肌、強化保濕作用卻清爽不黏膩的
アブソリュート ブライトニング

　　HABA 在 2018 年時，針對海外門市、櫃位以及日本 4 處百貨專櫃，推出分別訴求美白及保濕抗齡的兩大保養限定系列。

　　針對重視美白保養的亞洲女性所開發的「ABSOLUTE brightening」美白系列，品項包括精華液及面膜兩種。無論是精華液或面膜，都建議使用於洗完臉後的第一道保養步驟，之後，再依序使用化妝水等其他保養品。

　　針對乾燥氣候及紫外線等容易對肌膚造成傷害的環境因子，ABSOLUTE brightening 美白系列除主要美白成分維生素 C 之外，還搭配白茶萃取物、日本國產奇異果萃取物以及米糠萃取物等保濕成分，來加強保養因外在傷害而日漸乾荒的肌膚。

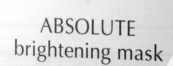

アブソリュート ブライトニング セラム

容量/價格 ● 30mL / 4,000 円

搭配優格萃取物強化保濕機能，使用起來相當清爽且滲透力佳的美白保濕精華液。單次用量大約是按壓 4～5 下壓頭，建議以較乾燥或想強化亮白保養的部分為中心，以輕輕按壓的方式塗於全臉。

アブソリュート ブライトニング マスク

容量/價格 ● 21mL×5 片 / 3,000 円

面膜布本身帶有伸縮性，可依照臉部線條進行調整而完整包覆全臉。利用植物酵素萃取而成的水解米糠萃取物，可發揮良好保濕潤澤效果，提升肌膚清透感。

獨家奈米微囊體包覆技術・
融合招牌美容油的抗齡保濕系列
リバイタライジングモイスチャー

HABA 於 2018 年研發的通路限定「REVITALIZING moisture」抗齡保濕系列。既然主打抗齡與保濕，當然就少不了 HABA 所引以為傲的招牌成分「角鯊烷」。而且這系列所添加的角鯊烷，更是注入了 HABA 最新的「神經醯胺多重奈米微囊」獨家技術！

這是利用角鯊烷在內的四種類似人體肌膚的成分，將五種彈力緊緻因子包覆成僅有 100 奈米大小的微囊體。由於親膚性佳，而且體積比毛孔細微許多，因此能夠將肌膚所需的油分、水分及珍貴抗齡成分，輸送到角質層的每個角落。

在系列共通的抗齡緊緻成分方面，包括海洋型膠原蛋白、海洋型彈力蛋白、海洋型胎盤素、條斑紫菜萃取物以及交替單胞菌發酵物萃取物等等，全部都是來自海洋的萃取成分。在使用順序方面較為特殊，是先使用精華液，接著再使用化妝水。

リバイタライジング
モイスチャー
セラム

容量/價格 ● 30mL / 4,200 円

除神經醯胺多重奈米微囊之外，還搭配萃取自北海道鮭魚鼻軟骨的蛋白聚醣，以及生命力超強的海茴香幹細胞與超級玻尿酸。保濕與潤澤成分大升級！使用起來卻還是相當清爽。

リバイタライジング
モイスチャー
ローション

容量/價格 ● 120mL / 3,800 円

基底採用北海道羅臼地區的海洋深層水，再搭配白木耳多醣體與吸附型玻尿酸，使用起來觸感咕溜滑順，並可在肌膚表面形成一道薄膜，持續滋潤乾燥的肌膚。

リバイタライジング
モイスチャー
マスク

容量/價格 ● 21mL×5 片 / 3,200 円

搭配多種保濕彈潤與緊緻成分，面膜布則是結合伸縮層與服貼層的雙層構造。面膜布下半部的裁切面積相當大，可完整包覆臉部邊緣及整個下巴，並且在敷面膜的過程中，同時發揮不錯的物理性拉提效果。

熱賣 500 萬瓶的 SPA 泥膜衍生保養系列

讓你在家也能輕鬆完成專業級水療保養
Pro.Home 防禦保養系列

在競爭激烈的日本美妝保養品牌中，以高純度胎盤素原液打響名號的 Bb LABORATORIES，在 2012 年時參考專業美容師的建議，開發出迄今熱賣超過 500 萬瓶的高保濕泥膜「Moist Cream Mask Pro.」。由於市場反應熱烈，因此在粉絲們的期待之下，於 2020 年春季推出高保濕泥膜的衍生系列—Pro.Home 防禦保養系列。

這系列的主要保養訴求，鎖定在預防並改善現代女性於生活環境中所受到的肌膚傷害。除了紫外線與乾燥的空氣之外，花粉、懸浮微粒、汽機車廢氣以及沙塵等容易附著在肌膚上的物質，也都會對肌膚產生刺激。

對於乾燥問題，Bb LABORATORIES 將高保濕泥膜中的主要保濕成分—復活草萃取物作為這系列的基礎配方，同時融合自家引以為傲的胎盤素萃取物與玻尿酸，讓整體的保濕作用更升級。

在生活環境傷害因子對策方面，則是搭配大車前草籽、羅馬洋甘菊以及藍莓等植萃成分，來安撫紫外線與藍光造成的刺激傷害。另一方面，對於懸浮微粒與廢氣這些刺激性物質，則是搭配紫蘇與黃芩等萃取物，為不穩肌提升健康度。既然是在專業美容師建議下所開發的產品，Pro.Home 防禦保養系列在調香方面也不馬虎，採用柑橘、薰衣草以及迷迭香等精油，調和出極具放鬆身心效果的自然香氛。

復活草保濕面霜
ビービーラボラトリーズ
PH モイストチャージゲルクリーム

容量/價格 ● 50g / 4,200 円

可在肌膚表面形成濃密但不厚重的保濕層，同時發揮保濕與防禦機能。

復活草精華水
ビービーラボラトリーズ
PH モイストチャージエッセンス

容量/價格 ● 150mL / 3,800 円

帶有些許濃稠感的精華液質地，於肌膚上推展開來後，會迅速化成水狀，滲透至肌膚底層。

復活草防曬霜
ビービーラボラトリーズ
PH モイストヴェール UV

容量/價格 ● 150mL / 3,000 円

質地輕透，可使用於臉部及全身肌膚
具備優秀的耐水力，
卻能使用一般潔顏品輕鬆卸除。
（SPF50．PA++++）

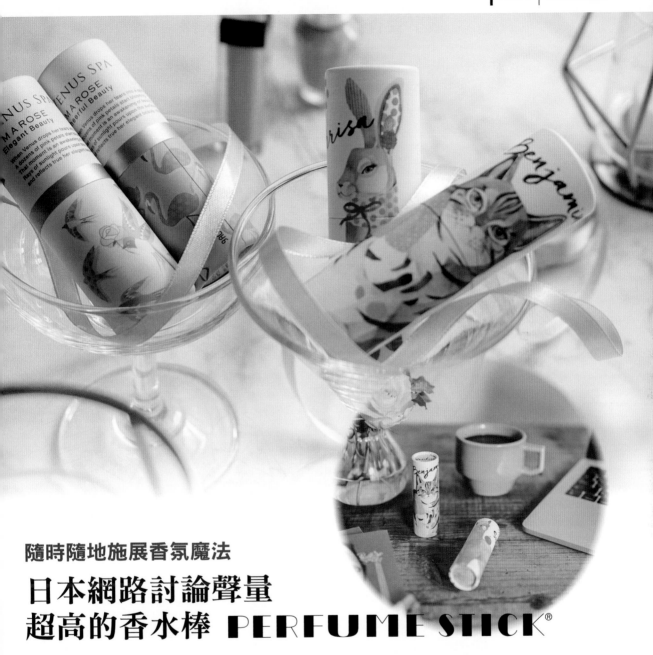

隨時隨地施展香氛魔法

日本網路討論聲量
超高的香水棒 PERFUME STICK®

　　在日本年輕女性的化妝包當中，除了口紅與護唇膏之外，最新的必備單品就是這款體積輕巧，可隨時隨地讓自己被迷人香氛所包圍的香水棒。融合油脂成分所固化的香水棒，因為不含酒精的緣故，所以更能穩定地散發出恰到好處的香氛。

　　在可愛且多主題的包裝插畫設計之下，更是賦予香水棒充分展現個性的特色，讓喜歡柔和香氛且重視設計的日本年輕女性，紛紛將香水棒收編到自己的化妝包裡頭。

　　只要打開上蓋，像唇膏一樣輕輕轉出香水棒，就能簡單施展香氛魔法。多主題的柔和香氛，無論是 OL 或學生，甚至是育兒中的媽媽都能隨興使用，不必擔心過於強烈的香味引人側目。

讓享受香氛更加自由的香水棒

香水棒體積輕盈、不含酒精，而且不是液體，不必擔心潑灑出來。
因此在使用上不受時間、地點與場合的限制。任何人在任何時間，
都能自由地沉浸於自己的香氛世界當中。

不論是辦公、簡報，
或是認真念書，都可
以選擇適合自己的香
水棒，來幫助集中精
神與散發自信。

不含酒精的固態香水
棒，不受任何交通工
具的搭乘限制。快把
你手上的薄荷棒換成
香水棒，提升自己的
女子力吧！

不論是從事動態還是
靜態活動，都能讓舒
服的香氛隨時陪伴著
你，使身・心・靈
都更加放鬆。

設計可愛且實用，絕
對是送給自己和閨蜜
好友的最強伴手禮。

VENUS SPA 系列

パフュームスティック　VENUS SPA シリーズ
容量/價格●5g / 1,500 円

來自人氣香水品牌，以玫瑰香調作為基底，
搭配與幸福相關的動物插畫。隨意一抹，
就能讓自己被輕柔的幸福感所包圍。

Elegant Beauty
傳遞幸福的飛燕。

象徵優雅清秀的女性，
具有清新淡雅的花香
調。

Cheerful Beauty
代表幸運的火鶴。

象徵開朗無邪的女孩，
具有清爽怡人的花果
香調。

Dearest Beauty
夢見就有好事發生的
松鼠。

象徵美麗動人且惹人
憐愛，具有令人不禁
迷戀的果花香調。

VASILISA 系列

在插畫家 Cato Friend 別具溫度感的筆觸下，夢幻且充滿生命力的動物們，全化身成為 VASILISA 香水棒系列的主角。這些可愛又極具個性的動物們，不僅擁有名字，還象徵著各種香氛給人的視覺印象。

パフュームスティック
VASILISA シリーズ

容量/價格 ● 5g / 1,500 円

Benjamin 班潔明
悠閒自在卻又調皮的貓咪

水潤鮮摘的洋梨融合清新茉莉花的優雅成熟果香調。

Merrisa 梅莉莎
早熟又愛撒嬌的少女

酸甜梅果搭配香草，令人愛不釋手的可愛甜點香調。

Fiona 菲歐納
實現夢想的精靈之尾

結合鮮嫩櫻桃與微甜棉花糖的浪漫香甜調。

Kotaro 小太郎
人見人愛的頑皮男孩

陽光西印度櫻桃搭配玫瑰的優雅花果香調。

Sophie 蘇菲
溫柔天真的獨行少女

鮮紅蘋果融合堅果巧克力的少女甜美香調。

MeiMei 美美
愛作夢的憨厚貓熊

清新茉莉花香結合甜蜜桃果的花果香調。

DISNEY 系列

以迪士尼的六位電影女主角為主題，並依照每一位的角色個性，搭配不同主題香味。無論是任何人，都能找到屬於自己的公主形象。©DISNEY

パフュームスティック
キャラクターデザイン ディズニー

容量/價格 ● 5g / 1,500 円

仙杜瑞拉
～ LOVE ～
獻給最愛的你

【櫻桃＆綜合莓果】
惹人憐愛的酸甜綜合莓果香調。

白雪公主
～ HAPPY ～
令人感到幸福

【蘋果＆玫瑰】
新鮮蘋果所散發出來的花果香調。

奇妙仙子
～ CHEER ～
給你滿滿的元氣

【柑橘＆茉莉花】
充滿潔淨與新鮮感的皂香香調。

貝兒
～ THANKS ～
充滿感謝之意

【青蘋果＆麝香】
以青蘋果為基底的芳醇果花香調。

愛麗兒
～ WISH ～
許下真誠的心願

【白花香＆皂香】
散發出清透與潔淨感的柔和花果香調。

樂佩
～ DREAM ～
勇於追求夢想

【洋梨＆桃子】
充滿新鮮水潤感的果花香調。

Q：哪裡可以找到香水棒？ A：唐吉訶德、TOKYU HANDS、LOFT、AINZ&TULPE、AEON、杏林堂藥妝、札幌藥妝、SUGI 藥局

※ 部分分店沒有舖貨。

日本家庭藥特輯

家庭藥

自古以來守護日本國人健康，亦是日本歷史重要的一環！

相信大家到日本旅遊時，都會到藥妝店裡採買一些常備藥，其中有不少還是從爺爺奶奶那一代就愛用至今的成藥。其實我們在日本藥妝店買到的常備藥，絕大部分都被稱為 OTC 醫藥品，但還有一小部分則是被稱為「家庭藥」。

為幫助大家深入瞭解家庭藥，這次日本藥粧研究室特別訪談我們的老朋友——株式會社**龍角散**的**藤井隆太**社長。在 2011 年，日本藥粧研究室剛展開採訪寫作工作時，因為默默無名而不斷被拒絕採訪。所幸後來藤井社長看見我的 Email 後，邀請我到龍角散總公司詳談，並且為我接連介紹許多製藥公司的聯絡窗口。非常感謝有藤井社長的大力協助，日本藥粧研究室才有機會持續為華語圈的讀者，提供最為專業且詳細的日本藥妝介紹。

何謂家庭藥？

在日本藥妝店當中，有許多成藥都是我們從小就見過，而在這些家庭常備藥裡頭，有部分在日本又被稱為**家庭藥**。為釐清家庭藥與一般 OTC 醫藥品的差異，這次特別邀請藤井社長來為我們進行詳細解說。

藤井社長表示，在日本藥妝店當中，絕大部分成藥歷史較短，尤其是被歸類為西藥的產品，大多都是於日本厚生勞働省修訂藥事法規之後，才開始製造與販售的。

而所謂的家庭藥，簡單來說，就是擁有悠久歷史、長期以來深受日本家庭信賴的常備藥。早在數十年前，甚至是數百年前，就已經開始守護日本人的健康。許多家庭藥都是代代相傳，主要是以中國古代漢方醫學為調劑基礎。正因為是代代守護的祖傳祕方，所以家庭藥的廠商，負有守護傳統及家業的責任感，能令人感到安全與安心。換言之，許多家庭藥的處方，都是在現行法規成立之前就已經存在，所以在家庭藥的廠商手中，握有許多大藥廠所無法取得的絕版處方，也正因為如此，家庭藥往往具備了無可取代的獨特性。

家庭藥在日本海內外的現況為何？

日本家庭藥廠商有個很有趣的特色，那就是大家關係都非常友好。藤井社長告訴我們，歷史悠久的家庭藥大多是祖傳事業，因此廠商之間的社長，都是關係緊密的世交。有些關係良好的廠商，還會讓自己的下一任接班人到彼此的公司去進修，感覺就像是個大家庭一般。

「齊心合作」是家庭藥廠商們之間的共識。包括製藥界在內，許多行業都存在著同業競爭的問題。良性競爭對市場、對消費者而言是好事，但惡性競爭卻會帶來許多層面的負面影響。而這種負面影響，若出現在擔負民眾健康的製藥業，其實是相當令人不樂見的事。

在家庭藥廠商之間，大家普遍認為即使是同業，也要相互合作。說到這邊，藤井社長拿出一張張的參展照片，並且驕傲地說：「我們在向海外市場進行宣傳時，從來不單打獨鬥，而是會像傳統祭典般地大家一起參展。」的確，每年 3 月，在日本舉辦的年度盛會日本藥妝店展上，由家庭藥成員所組成的「日本家庭藥協會」就會聯合展出，讓參觀者能更深入瞭解這些具有歷史性的常備藥品與製藥廠商。

此外，藤井社長還提到一個重點，那就是家庭藥協會成員間關係緊密度之高，賺錢的成員，都會自發性地對整個協會活動付出貢獻。正因為彼此互助合作，才能讓這些百年老藥廠繼續代代相傳。

海外觀光客與家庭藥

由於台日關係極為密切，許多日本家庭藥早就已經融入到台灣人的生活之中，成為一家好幾代都愛用的常備藥品。藤井社長表示，近幾年來訪日觀光人數爆增，尤其是在華人旅客的推波助瀾下，藥妝店成為日本旅遊的重點行程，

後來甚至出現所謂的「**必買神藥排行榜**」。令人感到開心的是，這些經常上榜的神藥，絕大部分都是來自家庭藥成員。由此可見，眾多傳用百年的家庭藥，不僅沒有被時代所淘汰，反而在消費者的肯定下，一代又一代的流傳下去。

家庭藥的未來使命

談到國家的健保制度，藤井社長不禁皺起眉頭擔心說道，隨著社會結構持續少子高齡化，國家的醫療資源會愈來愈吃重，因此民眾的自我藥療（Self-medication）將是必然趨勢。在這個時代的大潮流之中，家庭藥可能需要擔負起更大的社會責任。

相對於對症療法的西藥而言，以中醫為基礎發展而成的家庭藥，大多數都是著重於調理及預防。從這個角度來看，其實家庭藥在預防醫學方面，的確扮演著相當重要的角色。然而，在建立自我藥療的風氣過程中，最擔心的莫過於民眾亂用藥、用錯藥。因此，家庭藥成員們經常透過聯合參展的機會，向民眾強調「よく知って、正しく使う」（確實瞭解，正確使用）的基本概念。只要確實瞭解家庭藥的成分及效用，並且學會如何正確使用，就能守護自己的健康，同時，也能守護這些古人智慧的價值。

◀藥妝店的「必買神藥專區」。

改良自歐洲處方

融合東西方醫學的百年名藥
太田胃散

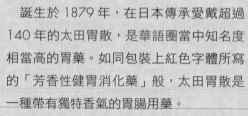

誕生於 1879 年，在日本傳承愛戴超過 140 年的太田胃散，是華語圈當中知名度相當高的胃藥。如同包裝上紅色字體所寫的「芳香性健胃消化藥」般，太田胃散是一種帶有獨特香氣的胃腸用藥。

太田胃散創始人「太田信義」，原本是壬生（現栃木縣）鳥居藩武士，但隨著日本進入明治維新時代，長達六百多年的武士封建制度瓦解，太田信義便轉身投入政界，並且當上三重縣高等官吏。後來因為轉調東京時，受到東京的經濟發展所震撼，所以決定辭去官職轉戰商界。

輾轉透過名醫取得處方，
改良出家喻戶曉的護胃良藥

來到東京經商的太田信義，後來以「雪湖堂」之名活動於出版業。原本胃就經常出狀況的他，在某次出差至大阪時，接受名醫緒方洪庵的女婿緒方拙齊診療。沒想到緒方醫師所給的胃藥，竟神奇治癒了困擾太田信義多年的胃部不適。

追問之下，得知這帖神奇的胃藥處方，是來自於長崎行醫的荷蘭籍醫師，而處方的源頭則是來自英國。在幾經交涉取得處方之後，太田信義將博杜安（Bauduin）醫師的英國處方加以改良，並加上「胃散」之名將其商品化。

在多次的改良之下，便誕生了現在的太田胃散。太田信義致力於多樣化的廣告宣傳，使得太田胃散在短時間內，便成為一款日本家喻戶曉的胃藥。

太田胃散的四大主力產品

從 1879 年第一罐太田胃散開始，株式会社太田胃散便因應時代變遷與世人需求，根據不同成因搭配對症處方，開發出以胃腸藥為主的多種醫藥品以及健康輔助食品。在此介紹其中四項主力商品。

適合放在家中或辦公室抽屜中

分包裝適合隨身攜帶

將一次服用量(3顆)分包裝

第 2 類医薬品

太田胃散(罐裝)

容量/價格●75g／680 円
140g／1,200 円
210g／1,680 円

主要成分●桂皮、小茴香、肉豆蔻、丁香、陳皮、龍膽、苦木粉、碳酸氫鈉、沉降碳酸鈣、碳酸鎂、矽酸鋁、生物澱粉酶

適應症●飲酒過量、胃灼熱、胃部不適、胃部虛弱、胃積滯、食量過多、胃痛、消化不良、促進消化、食欲不振、胃酸過多、胃腹脹滿、噁心、嘔吐、胸口悶氣、噯氣、胃重。

●結合 7 種健胃生藥、4 種制酸劑以及 1 種消化酵素,是許多日本人廣泛應用於各種胃部不適症狀的常備藥。在細緻的藥粉當中添加了薄荷,所以服用時會有一股舒服的清涼感。

第 2 類医薬品

太田胃散 < 分包 >

容量/價格●16 包／590 円
32 包／1,120 円
48 包／1,580 円

第 2 類医薬品

太田胃散 A< 錠劑 >

容量/價格●45 錠／680 円、120 錠／1,200 円、300 錠／2,280 円

主要成分●脂肪酶 AP6、蛋白水解酶 6、複合消化酶 1000、熊去氧膽酸、碳酸氫鈉、合成鋁碳酸鎂、沉澱碳酸鈣、桂皮油、檸檬油、小茴香油

適應症●胃積滯、食量過多、胃痛、胃灼熱、食欲不振、消化不良、促進消化、飲酒過量、胃酸過多、胸口悶氣、胃部不適、胃腸脹滿、胃弱、胃重、噁吐、噯氣、噁心。

●搭配 4 種消化酵素、3 種制酸劑以及 3 種健胃生藥,適合吃太飽或吃太油膩導致消化不良時服用。

第 3 類医薬品

太田胃散整腸藥

容量/價格●160 錠／1,380 円
370 錠／2,680 円

主要成分●雙歧桿菌、加氏乳桿菌、酪酸菌、老鶴草提取物、野梧桐提取物、龍膽粉、生物澱粉酶 1000

適應症●軟便、調理腸道、便秘、腹部漲滿。

●利用 2 種整腸生藥,搭配 3 種整腸益生菌以及健胃生藥與消化酵素,減低胃部負擔同時調整腸道不正常蠕動,進而改善腸內環境。適合飲食習慣及生活作息不佳而有胃腸健康及排便問題的現代人。

第 2 類医薬品

太田漢方胃腸藥 II

容量/價格●散劑 14 包／980 円、34 包／2,200 円
錠劑 54 錠／980 円、120 錠／2,200 円

主要成分●茯苓、桂皮、延胡索、牡蠣、小茴香、縮砂、甘草、高良薑

適應症●神經性胃炎、慢性胃炎、胃腸虛弱。

體力屬於中等程度以下,腹部無力,因神經過敏引起胃痛或下腹痛,偶爾可能伴有胃灼熱、打嗝、胃腸積滯、食欲不振、噁心、嘔吐等症狀。

●調節自律神經紊亂以改善胃症狀的中藥處方「安中散」,搭配能穩定情緒的茯苓,適合一緊張就會胃痛等胃部不適症狀,或是受慢性胃炎困擾。

我老家是從明治時代就傳承至今的百年以上老藥廠喔!喵~

太田胃散可愛宣傳大使
瞬間擄獲所有貓奴的心
太田胃喵

　太田胃散在 2015 年所推出的太田胃散宣傳大使。據說太田胃喵是誕生機率為三萬分之一的三毛公貓。太田胃喵也會親自現身於許多活動會場上,並且活躍於社群媒體,擁有自己的官方微博以及臉書粉絲團,經常會在 YouTube 上傳許多影片,進行各式各樣的挑戰。

太田胃にゃん(太田胃散)
https://www.facebook.com/ohtainyan.story/

不只是蚊蟲藥

熱賣九十年的外用常備藥
金冠堂──キンカン

KINKAN

在日本眾多蚊蟲藥當中，主成分為氨水（俗稱阿摩尼亞）、帶有特殊氣味的金冠，可說是歷史極為悠久，深受日本家庭信賴長達 90 年的老牌常備藥。

親手創造出金冠的山﨑榮二，曾經在舞鶴海軍擔任衛生兵，於服役期間累積了許多醫藥相關知識。後來因為胞姊的孩子不幸死於燒燙傷，於是他便立志開發出能適用於多種外傷的外用藥，並於 1926 年推出第一代金冠。由於金冠最早是為治療燒燙傷所研發，因此山﨑榮二在向藥局老闆或民眾介紹金冠時，總是先用滾燙的熱水淋在自己手臂上，然後再塗抹金冠以展示療效。在這種震撼力十足的宣傳手法下，金冠立即在日本打響名號，甚至在 1941 年時，被日本政府指定為軍用配給藥而推出了綠色瓶裝版本。從過去的仿單來看，除了燒燙傷之外，金冠也能用於治療外傷、香港腳等症狀，可說是一款用途極廣的萬能藥。

就成分來說，因為金冠當中還添加了辣椒酊，因此也能用於治療跌打損傷以及肌肉僵硬痠痛，這也讓不只是蚊蟲藥的金冠更顯特別。

第 2 類医薬品

キンカン（KINKAN）

容量／價格●100mL ／ 1,080 円
50mL ／ 698 円
20mL ／ 498 円
主要成分●氨水、薄荷、樟腦、水楊酸、辣椒酊
適應症●蚊蟲咬傷、紅癢、肩膀僵硬痠痛、腰痛、扭傷、跌打損傷

巧虎大神也來助陣 · 金冠新配方成員
金冠堂鎮癢消炎液 溫和清涼型

　　2020 年，創業超過 90 週年的金冠堂推出全新重量級新品，主客層同樣鎖定在全家老少，但很明顯地是以兒童族群為主打。首要原因在於配方組合，如同其名，金冠堂鎮癢消炎液 溫和清涼型的使用感較為溫和，主要成分中的鹽酸二苯胺明，可發揮抗組織胺的止癢作用，不僅沒有傳統金冠的特殊氨水味，而且清涼感也不會過於強烈。

　　另一個原因，就是包裝設計肯定會讓小朋友們眼睛為之一亮，因為印在上面的代言人，是兒童界的超級巨星——巧虎大神！讓小朋友了解被蚊蟲咬傷後，因為搔癢而不小心抓破皮膚可能會帶來風險，因而願意乖乖擦藥。

第 3 類醫藥品

キンカン ソフトかゆみどめ

容量／價格●50mL ／ 600 円
主要成分●鹽酸二苯胺明、樟腦、薄荷
適應症●濕疹、皮膚炎、汗疹、紅癢、凍傷、蚊蟲咬傷、蕁麻疹

金冠堂 & 巧虎合作宣導短片

　　金冠堂於 2020 年春季請來巧虎作為產品代言人，同時推出全新的金冠堂鎮癢消炎液 溫和清涼型。為宣導被蚊蟲叮咬後的正確處理方式，金冠堂特別製作了一支巧虎教學影片。除了日文版之外，也有中文版。詳細影片內容請掃描 QR 碼觀看。

日本語版
https://youtu.be/CH1fFnjfc5U

中文版
https://tinyurl.com/y9awjls9

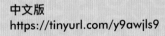

©Benesse Corporation／巧虎

來自日本藥都富山

守護心臟健康的百年常備藥
救心

在日本眾多百年常備藥當中，適用於守護心血管健康的「救心」，可說是非常特別且具有知名度。雖然救心是在 1913 年商品化，但其配方原型，據傳可追溯至千年以上，而且是來自於漢方藥與宗教重地——古都奈良。

將救心商品化的「堀」家，原本是富山藩的家臣，而救心的創始人則是武術精湛、在富山藩裡負責傳授武術的「堀喜兵衛」。由於在研究以及傳授武術時，難免會遇到刀傷、撞傷和內傷胸悶等問題，對於醫藥也頗有涉略的堀喜兵衛，便運用自身的醫藥知識與經驗，調配出許多不同的傷藥。在他親手調配的傷藥當中，就屬「一粒藥」的評價最高。據傳，這個備受肯定的「一粒藥」，就是百年來守護日本人心血管健康的「救心」原型，同時也是堀家在富山發展藥商的招牌傳家藥。

到了 1913 年，第五代傳人「堀正由」帶著代代相傳的「一粒藥」，從藥都富山前往東京打天下。由於母親在生產時便不幸辭世，因此堀正由在待人處事上總是抱持著一顆博愛之心，在來到東京淺草創業時，便為自己的藥房命名為「堀博愛藥房」。

在開設藥房的同時，堀正由也將自己從家鄉帶來的「一粒藥」商品化，並且命名為「堀六神丸」。其實，這帖堀家所代代相傳的藥方，是由多種珍稀的動物性中藥材所調製而成，因此在過去被視為是少數權貴才能服用的萬能藥。後來，堀正由從愛用者口中得知「堀六神丸」對於心臟健康特別有益，所以在 1925 年時便著手改良配方，並以促進心臟健康為概念，以祖傳的「堀六神丸」為基礎開發出「救心」。

救心

容量/價格● 30 粒／2,200 円
60 粒／4,100 円
120 粒／7,600 円
310 粒／17,000 円
630 粒／31,000 円
主要成分●蟾酥、牛黃、鹿茸末、人蔘、羚羊角末、珍珠、沉香、龍腦、動物膽
適應症●心悸、氣促、眩暈

▲救心在台灣銷售的包裝版本。除藥劑成分相同之外，整體包裝設計也和日版相同。最大的不同之處，在於最外圍的「雷紋」圖騰顏色不同。

遵循家鄉的配置藥傳統，逐步打開救心的知名度

將救心帶到東京，並且發光發熱成為百年家庭常備藥的堀家，發跡於素有藥都之稱的富山。自古以來，富山就有許多人以製藥與銷售藥物為生，可說是日本相當少見的醫藥聚落。

在這樣的歷史背景之下，富山發展出一套配置藥系統，並且成為家庭藥初期的主要銷售模式。所謂配置藥系統，就是為了方便偏鄉居民取得常備藥，製藥公司會派出配置員，利用逐戶訪視的方式，將民眾所需要的藥物放到醫藥箱，並且在下一次拜訪時，結算民眾使用過的藥物後請款，同時再把醫藥箱裡的藥物補齊。

即使堀正由來到東京發展時，就已經在淺草開了一家藥房，但他仍遵循家鄉傳統，先從藥房周圍的鄰居家逐一拜訪，透過這種面對面親自說明的方式，將自己從富山帶來的家傳藥推廣開來。不同於胃腸藥以及便祕藥這些常見的家庭藥，救心的健康訴求較為特殊，許多人都不太清楚服用救心的時間點。因此，救心在商品化的初期階段，便採用刊登報紙廣告的方式，說明救心究竟是一款什麼樣的藥物。

一般胃腸藥等常備藥，都是在出現症狀的時候服用。不過救心則是主打早晚各一粒，甚至是重視心臟健康功能的健康人士也能服用。以珍貴成分製成的救心在這個高齡化社會中更顯得無可取代，成為日本以及華語圈備受信賴的家庭常備藥。

▲當年專為伊勢神宮參拜者回程伴手禮所設計的橘色包裝。

翠松堂製藥

日本現存最古老的製藥公司

參拜伊勢神宮的回程伴手禮
翠松堂製藥——百毒下し

　　日本家庭藥最大的特色，就是絕大部分都擁有十分悠久的歷史，而且是日本人世代傳用的常備藥。在眾多歷史超過百年的日本家庭藥廠當中，創立於 1570 年，至今已有 450 年歷史的翠松堂，是日本現存最為古老的製藥公司。

　　創始於室町時代後期的翠松堂，最早的名號為「加藤延壽軒」，原本為調配與銷售漢方藥材以及日本各地傳統療法藥物的藥房。到了江戶時代，則是受到京都關白二條家指定為「二條殿御藥所」，也就是直屬於二條家的製藥所，可帶著藥物自由進出天皇及貴族的住所，可說是擁有相當崇高的社會地位。

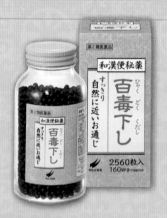

第 2 類医薬品

百毒下し
容量／價格● 16 粒 ×30 包／ 1,650 円
　　　　　256 粒／ 1,000 円
　　　　　1152 粒／ 3,000 円
　　　　　2560 粒／ 5,800 円
　　　　　5120 粒／ 10,000 円
主要成分●大黃末、蘆薈末、牽牛子末、營實萃取物、山歸來萃取物、甘草末
適應症●便祕以及緩和頭重、頭昏、肌膚粗糙、痘瘡、食慾不振、腹脹、痔瘡等由便祕引起之相關症狀。

日本近代醫學之父傳授，用於治癒瘡毒的傳奇處方

翠松堂在過去曾經推出數十種醫藥品，但唯一流傳至今的是名為「百毒下」的便祕藥。說到百毒下的由來，其實也是充滿傳奇色彩。

在日本被稱為近代醫學之父，後來成為大日本帝國陸軍軍醫總監的「松本良順」，曾經短暫駐診於翠松堂。在那段期間，松本良順親自將百毒下的配方傳授給翠松堂，並且在仿單上寫下「可治男女老幼所有瘡毒」這段文字。在松本良順親自背書之下，百毒下立即聲名大噪，名氣瞬間傳遍日本全國，後來更成為日本民眾參拜伊勢神宮時人手一袋的參拜伴手禮。關於翠松堂以及百毒下的相關歷史資料，大多都在二戰期間受無情戰火所燒燬，因此並沒有太多的史料流傳至今。不過當年專為伊勢神宮參拜者伴手禮所設計的橘色包裝，卻幸運地保留至今。

令人印象深刻的藥名，為百年常備藥增添故事性

「百毒下」這個商品名稱，乍看之下有點嚇人，但其實相當直白、淺顯易懂。在日文當中，百毒下意指「排出體內的毒」。過去的人們相信，只要將腹中的毒素排出體外，人體自然就會變得健康。

由名醫松本良順親自傳授的百毒下配方，在當年號稱能夠根絕人體中所有「毒」素，甚至還被拿來作為解毒劑或是梅毒及淋病等性病的治療藥物。

後來隨著日本藥事法規的修訂，百毒下在1960年代進行配方調整，在藥物分類上也正式定位為便祕藥。正因為有著充滿傳奇的歷史背景以及令人過目難忘的名稱，再加上實際有感的效果，所以百毒下才會成為全家老少都適用，流傳超過百年的便祕常備藥。

蘆薈
通便作用

大黃
通便作用

牽牛子
通便、利尿作用

甘草
解毒作用及調節緩和大黃之藥效

山歸來
解毒、利尿作用

營實
通便、利尿作用

添加六種中藥成分

百毒下中藥成分作用

講求溫和的草本配方 給想更有實感的人

結合東西方草本成分，15歲以上適用的百毒下強化版本。雖說是強化版本，但卻強調對身體低負擔，不容易引發腹痛等不適感。

第②類医薬品

リリーシェ ハーブ便秘薬

容量／價格●40錠／900円
180錠／2,700円
主要成分●番瀉苷、牽牛子末、甘草末、營實萃取物
適應症●便祕以及緩和頭重、頭昏、肌膚粗糙、痘痘、食慾不振、腹脹、痔瘡等由便祕引起之相關症狀

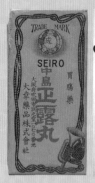

正露丸最初為由中島佐一研製，稱之為「中島正露丸」。

大幸藥品

帶有特殊木餾油氣味
腹瀉時總是會想到它
大幸藥品——正露丸

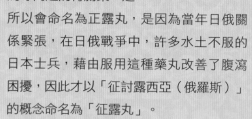

　　帶有特殊氣味，在台灣又被稱為「臭藥丸」的正露丸，是許多人再熟悉也不過的腹瀉專用胃腸常備藥。在日本的藥妝店當中，深受當地人及華人觀光客信賴的「喇叭牌」標誌，更是一款擁有百年以上歷史的家庭常備藥。

　　正露丸本身的獨特氣味，來自於德國人在 1830 年從植物中萃取出的「木餾油」。直到 1839 年，木餾油才被荷蘭商人帶到日本，成為一種治療疾病的藥物。不過在當年，木餾油並非用於胃腸疾病，而是廣泛應用於肺炎以及肺結核等呼吸道疾病。

歷史事件背景下
所誕生的獨特商品名稱

　　大幸藥品的喇叭牌正露丸，其歷史最早可追溯至 1902 年。當年，大阪藥商「中島佐一」利用乾餾的方式，從山毛櫸和松樹中萃取出木餾油，並將其製作成藥丸後，以「中島正露丸」之名商品化。這個用來治療腹瀉等問題的胃腸藥，之所以會命名為正露丸，是因為當年日俄關係緊張，在日俄戰爭中，許多水土不服的日本士兵，藉由服用這種藥丸改善了腹瀉困擾，因此才以「征討露西亞（俄羅斯）」的概念命名為「征露丸」。

隨製造販賣權的轉移，
商品名稱進行細微修改

　　到了 1946 年，由於中島佐一的藥房與工廠燬於戰火，因此在與大幸藥品的創辦人「柴田音治郎」相遇之後，便將征露丸的處方及品牌，轉讓給大幸藥品的前身——柴田製藥所。

關於木餾油的網路謠言

關於正露丸成分中的木餾油使用安全性，網路上曾盛傳各種謠言，例如該成分為致癌物質，因此日本當地已將正露丸下架。雜酚油依原料不同，可分為「木餾油（木雜酚油）」以及「煤焦雜酚油」，兩者為完全不同的物質，但只因為名稱中都有「雜酚油（Creosote）」而曾被誤傳為同一物質。甚至美國國家毒物計畫（NTP）以及美國國家環境保護局（EPA）也都將萃取自山毛櫸或松樹的木餾油，誤以為是萃取自石炭且作為防腐劑所用的煤焦雜酚油。所幸在專家的科學驗證之下，確定是因為名稱容易受到混淆而引起的誤解。

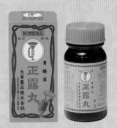

第 2 類医薬品

正露丸

容量／價格● 50 粒／ 800 円
100 粒／ 1,000 円
200 粒／ 1,800 円
400 粒／ 3,200 円

主要成分●木餾油、阿仙藥末、黃柏末、甘草末、陳皮末
適應症●軟便、腹瀉、因食物或飲水引起的腹瀉、上吐下瀉、瀉肚、因消化不良引起的腹瀉、齲齒痛

商品名稱修改的同時，LOGO 亦進行數次改版

就在這個時間點，柴田音治郎考量到國際關係，所以將藥品名稱當中的「征」字改為「正」，但這時候的正式名稱仍然是「中島正露丸」。一直到了 1954 年，才將藥品名稱中的中島兩字移除，成為現今眾人所熟悉的正露丸。或許有人注意到一件事，那就是這時候包裝上面的 LOGO，跟大家認知中的喇叭牌不太一樣。1954 年的包裝版本上，商品名稱雖然是沿用至今的正露丸，但 LOGO 卻仍然是中島正露丸時代的「誠字地球儀」，而大家所熟悉的喇叭圖樣，則是從第一代包裝開始就存在於右下角。直到 1969 年包裝改版時，熟悉的紅色喇叭標誌才首次登上正露丸包裝。不過這時候的喇叭標誌後方，仍然保留著原先的地球儀圖樣設計。

而現今流通的正露丸包裝，則是在 1983 年設計後便沿用至今。

> 1981 年所推出的正露丸姊妹品。在糖衣包覆之下，木餾油的特殊氣味改善許多，適合害怕傳統正露丸氣味的人服用。

第 2 類医薬品

セイロガン糖衣 A

容量／價格●＜瓶裝＞
36 錠／ 900 円
84 錠／ 1,800 円
＜ PTP 包裝＞
48 錠／ 1,400 円
120 錠／ 2,800 円
＜隨身盒裝＞
24 錠／ 800 円

主要成分●木餾油、老鸛草末、黃柏末
適應症●軟便、腹瀉、因食物或飲水引起的腹瀉、上吐下瀉、瀉肚、因消化不良引起的腹瀉

▶ 1954 年的包裝版本，在右下角有喇叭圖樣（圖左）。1969 年進行改版時，熟悉的紅色喇叭標誌首度登上正露丸的包裝上（圖中）。現今流通的正露丸包裝，則是在 1983 年設計後便沿用至今（圖右）。

關於木餾油的作用原理

德國人在 1830 年發現木餾油後，一開始是拿來治療化膿疾患或作為外科消毒藥。由於木餾油具有殺菌效果，因此也逐漸被用於治療肺結核。到了美國南北戰爭時，被發現對於消化道疾病也能發揮不錯的效果。

正因為具備殺菌作用，所以過去人們總認為正露丸在進入消化道之後，會將腸道內的好菌及壞菌全都殺光，藉此發揮改善腹瀉問題的藥效。然而在最新研究中發現，絕大部分的木餾油會在胃部受人體吸收，並且透過血液發揮作用，讓腸道蠕動狀態恢復正常，同時調節腸道內的水分平衡，在不使腸道停止運動的狀態下，改善腹瀉及軟便等問題。現在木餾油已被分類為自然由來的成分之一。

▙ HOSENDO

▲「澤田賢三郎」是真正研發出招牌明星商品的幕後推手。

手術療養過程中偶然接觸的鱉料理
意外造就熱銷四十年的明星商品
宝仙堂──パワーライフ

放眼眾多日本家庭藥廠商，絕大部分都是遵循代代相傳的配方，針對各種特定疾病，採用植物性中藥材來調製的家庭常備藥，歷史動輒超過百年以上。相形之下，創業雖未滿百年，主力明星商品大多採用動物性藥材製作的寶仙堂，就顯得格外地吸引眾人目光。

創立於 1921 年的寶仙堂，在創業初始的名稱為「澤田商店」，其主力經銷商品多為滋養強壯類型的藥物。在 1925 年時，隨著事業重心遷移到東京神田，將商號更名為「澤田寶仙堂」。

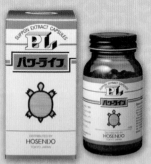

パワーライフ
(Power Life)

容量／價格●150 粒／ 9,800 円
　　　　　380 粒／ 22,000 円
主要成分●鱉萃取專利成分
Tori phosphorus OP

寶仙堂直營店

宝仙堂 外神田本店
〒 101-0021　東京都千代田区外神田 2-5-14 宝仙堂ビル 1F

宝仙堂 銀座花椿通り店
〒 104-0061　東京都中央区銀座 8-5-1 プラザ G8 1F

上野宝仙堂
〒 110-0005　東京都台東区上野 6-9-1 内山ビル 1F

Health & Beauty 宝仙堂 池袋北口店
〒 171-0014　東京都豊島区池袋 2-51-16 双葉ビル 1F

Health & Beauty 宝仙堂 赤坂町通り店
〒 107-0052　東京都港区赤坂 3-8-7 赤坂中村屋ビル 1F

調養身體獲得靈感，
因緣際會下問世的明星商品

　　對於寶仙堂而言，第二代接班人「澤田賢三郎」是真正研發出招牌明星商品的幕後推手。相傳澤田賢三郎在四十歲那年，因為心臟疾患而接受重大手術治療。雖然手術順利完成，但術後的身體復原狀況卻不太樂觀。即使嘗試過各種正規療法或民俗療法，狀況依舊沒有起色。直到偶然食用了鱉料理之後，澤田賢三郎的健康狀態才有明顯改善。

　　在親身體驗鱉料理的神奇效果之後，澤田賢三郎便開始造訪日本海內外的鱉養殖場，在潛心研究一番之後，利用獨家技術，成功萃取出專利成分トリオリンOP（Tori phosphorus OP），於1980年推出擁有眾多長年愛用者，至今仍為寶仙堂鎮店之寶的「Power Life」。由於對鱉的相關研究相當徹底，因此澤田賢三郎在製藥業界當中又被譽為「鱉博士」。

提升活力新境界！極具話題性的
營養補充品──寶仙堂凄十

　　寶仙堂第三代社長「澤田昭紀」於2000年上任後，開始著手構思新產品的開發方向。在一番摸索之後，便決定承襲寶仙堂創業以來的強項，開始研發滋養強壯的相關產品，最後推出在日本掀起不小話題的「凄十」。

　　凄十是寶仙堂研究全球各地提升活力與體力的成分之後，從精力、氣力以及體力三個方向著手所開發的新概念體感型營養補充品。除寶仙堂獨家的專利成分Tori phosphorus OP之外，還融合炭烤鱉、沙漠人參、海狗、馴鹿角、蠍子、馬卡、酵母鋅、瓜拿納、華麗紫鉚萃取物以及Uanarupomacho等十大素材。由於素材組合獨特，品名令人印象深刻，再加上使用者好評見證，因此凄十在短時間內就迅速成為日本人補充活力的首選之一。正因為人氣高，所以凄十也成為寶仙堂唯一跨通路，同時在藥妝店及超商上架的明星商品。

宝仙堂の凄十 豪快パック
容量／價格● 4粒×3包／1,300円

宝仙堂の凄十 パワー液
容量／價格● 50mL／1,000円

每隻鱉僅能萃取2%　極為珍貴的獨家專利成分

　　別名甲魚的鱉，在華人圈是相當常見的藥膳料理食材。寶仙堂研發獨特的萃取技術，從每隻鱉身上，萃取出僅有2%的獨家專利成分「Tori phosphorus OP」。在這項專利成分當中，富含DHA、EPA、POA、亞麻油酸、油酸、維生素及礦物質。除了Power Life之外，寶仙堂旗下幾個重點商品，也都會添加這項得來不易的珍稀成分。

以世人健康長壽為願
來自伊那山谷的飛龍藥酒
養命酒製造──薬用養命酒

在無私助人的契機下，傳奇誕生的養命藥酒

第 2 類医薬品

薬用養命酒

容量／價格 ● 700mL ／ 1,550 円
1000mL ／ 2,200 円
主要成分 ● 淫羊藿、薑黃、肉桂、紅花、地黃、芍藥、丁香、杜仲、人蔘、防風、益母草、釣樟、肉蓯蓉、反鼻
適應症 ● 胃寒肢冷、體虛勞倦、胃腸虛弱、食慾不振

　　擁有 400 年以上歷史，來自日本長野縣伊那山谷的養命酒，誕生背後，也有一段極富傳奇色彩的故事。相傳在某個大雪紛飛的夜晚，有位老者累倒於雪地之中，被伊那當地的望族當家「塩沢宗閑」發現後，便將他帶回家中給予無微不至的照顧，後來這位老者在塩沢家整整待了三年之久。

　　其實這位老者，是一位研究藥草的專家，他認為伊那山谷的氣候良好，而且山林中藥材眾多，因此在離去之前，便留下了一帖藥酒配方，以感謝塩沢家多年來的盛情款待。

　　在那之後，塩沢宗閑便騎著他所飼養的牛，在山林間採集配方所需藥材，依照配方內容耗時 2,300 天才釀出藥酒，並在 1602 年為此藥酒命名為「養命酒」。相傳在隔年德川幕府政權上路時，塩沢家曾將養命酒獻給德川幕府，這也為養命酒更添一段傳奇事蹟。

　　在伊那山谷流傳 300 多年之後，為讓更多人能夠認識養命酒，塩沢家在 1923 年將傳家事業企業化。同時間，透過沿街行腳、宣傳車以及報紙廣告等方式，將養命酒推廣至全日本，後來更是外銷到台灣、香港等海外地區，成為知名度極高的跨國界養生藥酒。

▲養命酒誕生背後，有一段極富傳奇色彩的故事。

靈感來自養命酒釀製藥材，
日本各地山林可見的「黑文字」

「黑文字」是養命酒生藥成分「烏樟」的原料之一，而烏樟在華語圈又被稱為「釣樟」。從中醫理論來看，黑文字是一種具備去痰止咳以及健胃作用的中藥材。若從西洋精油的觀點來看，則是具備抗菌及放鬆心靈作用的精油原料。

在日本，「黑文字」可說是融入日常生活的一種植物。在這樣的背景之下，養命酒便從 30 年前開始針對黑文字進行深入研究，並從中尋找開發新產品的靈感。

其實，日本人與黑文字之間的關係，比你我想像中還要來得密切。由於黑文字的樹枝，會散發出淡雅清香，因此經常被用來製作成高級牙籤。有些高級的和菓子，也會將削好的黑文字作為切開以及取用和菓子的餐具。下次有機會品嘗高級和菓子的時候，不妨可以稍微注意一下哦！

▲黑文字的樹枝，會散發出淡雅清香，因此會被製作成高級牙籤。

結合日本國產傳統藥草成分，
獨特雙層構造的新口感喉糖

在深入研究一段時日之後，養命酒相中黑文字的特色，因此著手研發出市面上第一款添加日本國產黑文字萃取物的喉糖。這款喉糖的獨特之處，就是外層的糖果部分添加黑文字萃取物，而內層則是包覆著口感微甜且溫和的糖蜜。無論是從素材或口感來看，都相當具有特色，自用或是當成伴手禮都非常適合。

**養命酒製造
のど飴**

容量／價格●64g ／ 240 円
黑糖蜜口味

**養命酒製造
生姜はちみつのど飴**

容量／價格●64g ／ 240 円
生薑蜂蜜口味

◀從以前到現在，瓶身都是採用玻璃材質。

守護日本人足底健康
目標鎖定雞眼、硬繭與贅疣等問題
橫山製藥——イボコロリ

SINCE 1900
イボコロリ

　　創始於 1900 年的橫山製藥，是一家發跡於關西兵庫縣的百年老藥廠。雖然創業初期所推出的風濕藥以及脊髓炎用藥並未傳用至今，但 1919 年所開發的イボコロリ（Ibokorori）卻是關西地區無人不曉，愛用者遍布日本各地的百年家庭常備藥。

　　無論是百年前或是現代，針對足底雞眼、硬繭以及贅疣等皮膚問題的常備藥都相當少見，因此イボコロリ在日本幾乎是此類外用藥的代名詞，有著難以取代的獨特性。

　　即使擁有傲人的百年歷史，橫山製藥在過去仍不斷致力於イボコロリ的進化。塗液型的成分，從上市以來就沒有太大的變化，但瓶身的設計，卻因為消費者反應而多次改良。另一方面，在消費者生活型態及使用需求變化下，甚至還衍生出可以長時間發揮藥效的貼附型產品，以及能由內而外改善贅疣問題的內服錠產品。

塗液型

貼附型

內服型

第2類医薬品

イボコロリ（Ibokorori）

容量／價格● 6mL ／ 960 円
　　　　　　10mL ／ 1,300 円
主要成分●水楊酸
適應症●雞眼、硬繭、贅疣
●添加水楊酸，利用軟化及溶解乾硬角質的方式，幫助解決足底雞纏的雞眼、硬繭以及贅疣問題。

第2類医薬品

イボコロリ絆創膏ワンタッチ

容量／價格● 12 片／ 950 円
主要成分●水楊酸
適應症●雞眼、硬繭、贅疣
●水楊酸 OK 繃，能長時間貼附於患部持續發揮作用，因此可提升藥劑的滲透效果。

第3類医薬品

イボコロリ内服錠

容量／價格● 180 錠／ 2,600 円
主要成分●薏仁萃取物
適應症●贅疣、皮膚乾荒
●出現於臉部、頸部、腹部、背部等皮膚較薄部位上的贅疣，不太適合直接使用具有刺激性的水楊酸外用製品，因此橫山製藥便以熱門美肌成分薏仁萃取物，開發了這款內服錠劑。

イボコロリ絆創膏通路包裝一覽

1998 年上市的イボコロリ貼附型產品在幾經改版後，因為可長時間發揮藥效，而且在帶有厚度的保護墊輔助下，患部步行時比較不會直接與鞋子接觸而感到疼痛，所以近年來成為イボコロリ家族的熱門商品。包裝上的 S、M、L 分別代表藥劑範圍，可搭配患部大小挑選。除此之外，橫山製藥也為日本幾各大知名連鎖藥妝通路設計了不同的專屬包裝版本。在右側表格中，為較具代表性的幾款專屬包裝。

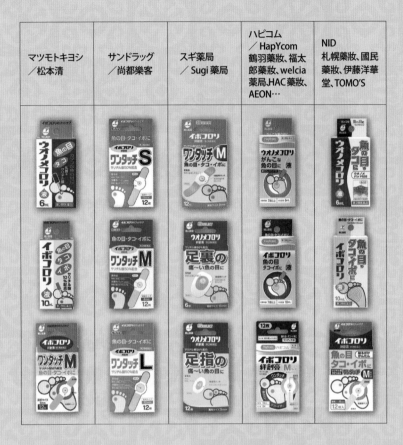

マツモトキヨシ／松本清	サンドラッグ／尚都樂客	スギ薬局／Sugi 藥局	ハピコム／HapYcom 鶴羽藥妝、福太郎藥妝、welcia 藥局、HAC 藥妝、AEON…	NID 札幌藥妝、國民藥妝、伊藤洋華堂、TOMO'S

融合醫藥美容成分與美容保養技術，眼周集中美容話題新品——ナチュラベーレ微針眼膜

針對眼周保養所推出的眼膜，是許多人打造眼部視覺印象的小幫手。除了添加各種美容成分的不織布片狀眼膜外，近年來將玻尿酸製成立體微針狀，可整晚持續補充保濕成分的微針眼膜，儼然成為美容通之間的熱門好物。

絕大部分的微針眼膜，其美容成分 100% 為玻尿酸。不過橫山製藥在 2019 年跨足保養品業界時所推出的微針眼膜，則是以玻尿酸作為基底，再搭配 9 種保濕與抗齡成分，其中更包含了イボコロリ口服錠當中所含的熱門美肌成分——薏仁萃取物，可說是一款融合醫藥美容成分與美容保養技術的話題新品。

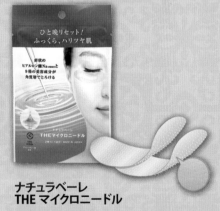

ナチュラベーレ THE マイクロニードル

容量／價格 ● 2 片一組／1,800 円
主要成分 ● 玻尿酸、維生素 C、胎盤素、膠原蛋白、神經醯胺、薏仁萃取物、腺苷、EGF、富勒烯、Nahlsgen®
商品說明 ● 每晚當中含有 750 根微針，可一整晚持續為肌膚補充保濕與抗齡成分。而用以協助固定微針眼膜的外部凝膠層，是採用熱門的保養油成分——角鯊烯，給眼周最奢侈的頂級呵護。眼膜當中不含香料、色素、礦物油、酒精、防腐劑等刺激性物質，就連敏弱膚質也適用。

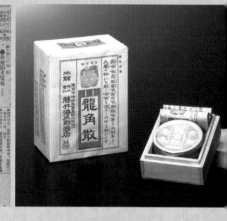

ゴホン！といえば
株式会社 龍角散

誕生於秋田久保田藩將軍御醫之手

守護日本人喉嚨健康 200 餘年
龍角散

　　無論是在日本或台灣，對於每個世代的人們而言，只要咳嗽或是喉嚨不舒服時，就會想起那裝在圓形鋁罐之中的龍角散。關於這罐世代傳承的龍角散，其歷史可追溯到距今 200 多年前的江戶時代中期。

　　當年，東北大藩國—秋田藩的將軍御醫「藤井玄淵」，將具備鎮靜作用的龍骨、可消炎祛痰的龍腦以及可驅熱消腫的鹿角霜，融合調製出第一代的龍角散。由此可知，龍角散的藥名由來，與第一代的中藥材配方有著密不可分的關聯性。

　　爾後，龍角散的配方歷經數次改良，直到龍角散第三代傳人「藤井正亭治」為治癒將軍的氣喘，將自己在長崎所學到的醫

藥知識投入於改良龍角散配方的工作，奠定了現今龍角散的成分基礎。

　　隨著德川幕府交出政權，秋田藩也在明治維新這個日本邁向現代化的時代中消失，而龍角散則是在將軍賜與之下，隨藤井正亭治來到過去稱為江戶的東京，成為名為龍角散的公司事業基礎。

　　當年，藤井正亭治利用圓形容器包裝龍角散，並且放在桐木盒裡銷售。由於是來自於將軍家的祖傳配方，加上充滿高級感的包裝設計，龍角散立即在江戶城裡聲名大噪，成為家喻戶曉的家庭常備藥。

　　現今以桔梗、杏仁、遠志、甘草等純中藥材所打造的龍角散處方，加上由藤井家

第四代傳人—藤井得三郎所確立之龍角散那極為細緻的粉體製劑技術，都是龍角散最大的特色。這種將中藥材研磨成極細緻的散劑，就算在機械化的現代也可說是相當少見且高難度的製藥技術。

百年老藥持續進化，
從小地方改良服用上的便利度

由於龍角散的粉體極為細緻，過去使用附屬小挖勺服用龍角散時，有時會有無法將藥粉順利倒入口中的問題發生。

為改善這個服用時常出現的小困擾，龍角散的第八代傳人「藤井隆太」便將目標鎖定在小挖勺，進行 200 多年來的首次改良計畫。在這項 2017 完成的改良計畫中，龍角散從科學角度著手，運用粉體力學原理，在小挖勺底部設計出數量、大小以及角度都經過計算的小洞。在小挖勺這三個小洞的輔助之下，不僅能夠簡單將龍角散倒入口中，而且在舀起龍角散

時，藥粉也不會因為小洞而散落。看似簡單的變化，其實大大改善了龍角散在服用時的便利度。

展開日本國內
生藥栽培計畫，
提升原料的品質和供給穩定性

龍角散為純中藥材所調製而成的藥散，過去許多的中藥材都來自於海外。然而，這些來自於海外的中藥材，經常會因為氣候等因素，而有品質與價格不穩定的問題。

從安心與安全的觀點來看，龍角散認為在日本國內栽培原料為勢在必行的趨勢，因此近年來，逐步在日本秋田美鄉町等七地展開國產中藥材栽培計畫。這項計畫，不僅能夠提高龍角散的國產原料比例，也能活化日本地區經濟。綜觀日本製藥界，龍角散的國產原料栽培計畫，可說是相當具有指標性的創舉。

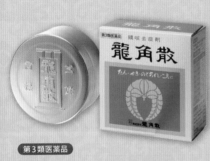

第3類医薬品

龍角散

容量／價格● 20g ／ 780 円
43g ／ 1,400 円
90g ／ 2,260 円
主要成分●桔梗、杏仁、遠志、甘草
適應症●咳嗽、痰液、喉嚨發炎所引發之聲音沙啞、喉嚨乾、喉嚨不適、喉嚨疼痛、喉嚨腫脹等症狀。

傳承四百多年的地方名藥

和歌山縣三大名產之一
和歌の浦 井本藥房──和歌保命丸

許多歷史悠久的日本家庭藥，都來自於具有歷史背景的地方。像是和歌保命丸，就是來自風光明媚的和歌浦，而和歌浦就位在關西地區的和歌山縣。

早在西元七世紀的奈良・平安時代，和歌浦便是許多文人雅士聚集之地，甚至是聖武天皇也因為鍾情此地景色而數次到訪。到了德川幕府時代，和歌山縣更是三大重要據點之一，在古代又被稱為「紀伊國」。除此之外，從地緣關係來看，鄰近古都京都與奈良的和歌浦，也長期受到宗教文化的薰陶，保留著許多古老的習俗及藥方。

傳用四百多年的常備藥，
榮登和歌山三大名產

在和歌山當地，有句話簡短道出了該地的名產：「蜜柑、酸梅、和歌浦」。和歌山的蜜柑及酸梅都相當有名，在許多日本物產展上，都能看見相關產品。至於和歌浦，其實指的就是「和歌保命丸」這帖流傳四百多年的家庭常備藥。

誕生背景與宗教文化薰陶息息相關的和歌保命丸，在和歌山縣可說是無人不曉的常備藥，縣內幾乎所有藥局都可以買到，甚至每一戶人家的醫藥箱當中，都會有好幾袋可備不時之需。

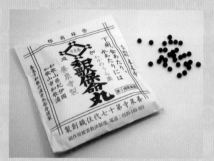

第 2 類医藥品

和歌保命丸

容量／價格● 3 包×10 袋／ 4,500 円
主要成分●當藥末、黃連末、苦蔘末、縮砂末、生薑末、
丁香末、白朮末、厚朴末、桂皮末、甘草末、茴香末、
莪朮末、枳實末、陳皮末、木香末
適應症●腹瀉、消化不良、水土不服引起之腸胃症狀

圍繞歷史事件與宗教文化，充滿傳奇色彩的腹痛良方

關於和歌保命丸的起源，目前主要有兩派說法。第一種說法的歷史舞台，在 1579 年，織田信長出兵攻打石山本願寺，也就是現今的大阪城。相傳當年石山本願寺被織田大軍攻下時，法主顯如上人及其子教如上人便退到紀州和歌浦一帶隱居。在隱居期間，教如上人曾留下許多珍貴文書，其中就包括一帖「腹藥」的處方。

另一個說法則是，教如上人在隱居期間，都是由一位固定的村名為他送餐。某一天，因為該村民腹痛而請其他村民代理送餐。教如上人在瞭解情況後，便請他將一帖藥方帶給腹痛的村民服用，神奇地治癒了該村民。據悉，當年主要負責照料上人的村民，就是當地望族──井本家，也就是後來泉養寺的第一代住持。

無論是哪一種說法，這帖藥方最後都傳到和歌浦當地具有悠久歷史的養泉寺。當年的井本住持在收到藥方之後，便遵照其中記載的藥材及製法，將十五種健胃、鎮痛、止痙中藥材製成和歌保命丸，並發送給村民作為腹痛時的治療藥物。

寺院代代相傳，絕無僅有的獨家特色

從四百多年前的日本戰國時代開始，和歌保命丸就在養泉寺住持井本家的守護之下，成為和歌山當地的名藥。正因為有著這樣的歷史背景，造就了和歌保命丸的一大獨家特色。

一般家庭藥的包裝上，通常是印著製藥公司的名稱，但和歌保命丸的包裝正面上，則是大大印著「養泉寺第十七代住持創製」。承襲古代日本寺院製藥與施藥（免費供藥給窮苦民眾服用）的傳統，現任第十八代住持・井本弘司先生，也會不定時地在養泉寺發送和歌保命丸給村民。這樣的宣傳推廣形式可說是絕無僅有，也展現了日本良善敦厚的傳統美德。

Website　FACEBOOK

展售地點（一部分）

薬食さふらん堂（yakusyoku-saffron-do）
📍 大阪市北区天神橋 1-18-28 ☎ 06-4792-7707

ワカノウラ薬局（wakanoura-pharmacy）
📍 大阪市中央区南船場 3-5-17 ☎ 06-6251-1515

平安堂薬局（heiando-pharmacy）
📍 京都府京都市中京区河原町西入石橋町 14 ☎ 075-221-0932

順敬堂薬局（jyunkeido- pharmacy）
📍 和歌山県伊都郡高野町高野 723 ☎ 0736-56-2040

ステーション薬局（station- pharmacy）
📍 和歌山県和歌山市美園町 5-61 ☎ 0734-21-6951

サンドラッグ奈良東向店（sundrug-nara-higasimuki-store）
📍 奈良県奈良市東向中町 8 ☎ 0742-25-5622

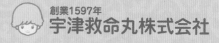
創業1597年
宇津救命丸株式会社

傳承四百餘年的家傳祕方
日本家庭的育兒常備藥
宇津救命丸

在日本的家庭常備藥當中，宇津救命丸是歷史最為悠久，流傳至今已超過 420 年的小兒用藥。對於嬰幼兒情緒不穩定、夜間哭鬧以及腸胃不適等問題，不少日本人都將宇津救命丸這個融合麝香、牛黃等嬰幼兒適用成分的小藥丸，視為相當重要的家庭常備藥。

宇津救命丸的創始者「宇津權右衛門」原本是下野國（今櫪木縣）將軍的御醫。在豐臣秀吉擊潰稱霸下野國的宇都宮家之後，宇津權右衛門便歸鄉務農，並為村人健康創製全家老小都適合服用的萬用藥「金匱救命丸」。這帖在當地被視為神藥，外頭裹著銀箔的純漢方小藥丸，其實就是流傳至今的宇津救命丸。

從江戶時代到明治初期，宇津救命丸的配方宇製法並未以文字流傳，而是代代長子閉門於宇津家的「誠意軒」之中，以口耳指導的方式傳承，可說是充滿神祕感的傳奇祕藥。包括誠意軒在內，供奉藥師琉璃光如來的古蹟級祠堂「宇津藥師堂」，全都在宇津救命丸的工廠廠區之中。綜觀日本所有的製藥公司，宇津救命丸可說是極具特色和傳奇色彩。

第 2 類医薬品

宇津救命丸〈銀粒〉
容量／價格● 119 粒／ 950 円
247 粒／ 1,850 円
主要成分● 麝香、牛黃、羚羊角、牛膽、人蔘、丁香、黃連、甘草
適應症● 五疳、夜啼、噁心、吐乳、腹瀉、消化不良、食慾不振、胃腸虛弱

口感微甜，
適合怕苦味
的小朋友

第 3 類医薬品

宇津救命丸〈糖衣〉
容量／價格● 150 粒／ 1,280 円

◀大木五臟圓根據中醫提升五臟六腑活力的原理所研發。

大木製藥株式会社

來自於貴族名藥老舖

日本高市佔率的兒童營養補充品
大木製藥——パパーゼリー5

創業於 1658 年的大木製藥，在江戶時期就致力於為庶民開發漢方藥，而大木五臟圓是大木製藥流傳至今、擁有 360 多年歷史的名藥。用高麗人蔘等 8 種中藥材以蜂蜜、麥芽糖調和製成的大木五臟圓，是依據中醫理念提升五臟六腑活力之原理所研發。

而在二戰後的 1947 年，為改善兒童營養不良的問題，大木製藥延續一貫的創業精神，開發出軟糖狀的維生素製劑「PAPA JELLY」。即使在 70 多年後的現代，PAPA JELLY 仍是許多日本人，甚至是海外遊客訪日時必買的營養補充品。

大木製藥的營養補充品系列

大木製藥的營養軟糖因為外脆內 Q 彈的獨特口感，即使是咀嚼能力較差的幼兒及高齡者，都能輕鬆補充營養素。且約在一年前推出了輔助牙齒及骨頭健康的咀嚼軟糖以及簡單補充維生素 A 及 D 的水果糖，使其在兒童營養補充品市場上的市佔率高達六成以上，可說是備受消費者信賴的明星品牌。

第②類醫藥品

パパーゼリー5

容量/價格● 120 粒／ 1,580 円
主要成分● 維生素 A、D₂、E、B₀、C、泛酸鈣
適應症●補充營養、滋養強壯、體質虛弱
● 1 歲以上就可服用，適合發育期或偏食的小朋友，或是在生病時用來補充營養素。

栄養機能食品

**パパーチュアブル
ケフィア Ca+D**

容量/價格● 120 粒／ 1,580 円
主要成分● 鈣、維生素 D、克菲爾粉末、乳酸菌
●適合發育期的孩童用來補充鈣質，同時搭配可調節腸道環境的乳酸菌及酵母。

栄養機能食品

保健機能食品
肝油　ビタミンドロップ

容量/價格● 120 粒／ 1,580 円
主要成分● 維生素 A、D
●可輕鬆補充維生素 A 及 D 的肝油水果糖，適合注重營養均衡或是用眼過度的族群。

KUDA 奥田製薬株式会社

創始者為改善自身多年胃疾的配方
成為傳用超過120年的胃腸常備藥
奧田製藥——奧田胃腸藥

　　包裝設計簡約的奧田胃腸藥，其實是發源自日本古都奈良超過 120 年歷史的老藥。奧田製藥的創始人——奧田春吉原本並非從事製藥業，單純是為了改善自身多年的胃疾問題，才會無師自通地鑽研胃腸疾病相關藥理。在一番研究之後，奧田春吉最後選定 12 種具備健胃整腸以及消炎鎮痛作用的中藥材，並且在融合制酸劑之下，調配出奧田製藥的第一號商品——奧田胃腸藥。

　　由於奧田春吉自身調製的配方藥材種類多，涵蓋的胃腸適應症相對廣，因此在服用之後，便順利解決了困擾自己多年的胃疾。同時，奧田春吉也將自己親手調製的胃腸藥分送給鄰居，且人們在服用過後的反應也都相當不錯。

　　因此，奧田春吉便在完成奧田胃腸藥的 1897 年創立「奧田藥院」，並將奧田胃腸藥商品化。這家奧田藥院，其實就是奧田製藥的前身，也是奧田胃腸藥這帖百年藥方的搖籃。在過去 120 多年當中，奧田胃腸藥的配方從未曾改變，堪稱是禁得起時代考驗的傳承老藥。

第 2 類医薬品

奧田胃腸藥

容量／價格● 細粒 16 包／1,380 円　32 包／2,380 円　錠劑 210 錠／1,900 円　400 錠／3,300 円　散劑 120g／1,500 円
主要成分●龍膽末、黃連末、當藥末、大黃末、黃柏末、苦木末、古倫僕根末、人蔘末、橙皮末、陳皮末、延命草末、牡蠣末、沉澱碳酸鈣
適應症●消化不良、胃痛、胃弱、胃灼熱、胃酸過多、胃悶、打嗝、食慾不振、胃腹飽脹、噁心、嘔吐等

華語圈認知度極高

為數不多的市售男性賀爾蒙製劑
大東製藥工業——トノス

　　由於男性更年期症狀並不如女性更年期明顯，因此即使進入更年期，絕大部分的男性還是沒有自覺。在男性更年期障礙的改善方法上，除了口服藥物之外，也能透過塗抹外用藥膏的方式來補充賀爾蒙。男性荷爾蒙製劑僅在一部分的日本藥妝店能夠購入，但因為日本行政機構在數十年前開始就停止批准新規荷爾蒙製劑的製造販售許可。加上近年強化醫藥品的規定與限制。因此目前日本當地的男性荷爾蒙成藥品牌也漸漸變的越來越少。

　　在為數不多的日本市售男性賀爾蒙藥膏當中，大東製藥工業所開發的 TONOS，不只深受日本人信賴，更是受到華語圈男性們的青睞。由於 TONOS 不只含有男性賀爾蒙，可以用來改善男性更年期障礙以及增強精力，還因為添加局部麻醉劑的緣故，可以幫助男性延長大展雄風的時間，所以除了步入中年的更年期男性之外，也有不少年輕男性將 TONOS 作為重要的「常備藥」。

　　上市將近一甲子的 TONOS，原本有兩個包裝版本，但無論是哪一種，走的都是較為沉重的深色調。在 2019 年時，大東製藥工業對 TONOS 進行包裝設計改版，將原有的兩個包裝版本統一成較為活潑的亮色調。由於 TONOS 的成分與配方獨特且不耐熱，通常建議保存於 1～15℃ 的環境之中。在 25℃ 的室溫之下，也建議不要放置超過 1 星期。正因為如此，大東製藥工業為維持 TONOS 的品質，至今尚未輸出至海外，只能在日本境內購得。

▲ TONOS 原本有兩種包裝，兩者皆採用較沉重的深色調。

第1類医薬品

トノス（TONOS）

容量／價格 ● 5g ／ 4,500 円
主要成分 ● 睾固酮、胺基苯甲酸、鹽酸普魯卡因、鹽酸地布卡因、鹽酸二苯胺明
適應症 ● 男性更年期障礙、男性性器官神經衰弱症
註：第 1 類醫藥品僅能在藥劑師執業的藥局或藥妝店才能購買。

自家診所調製的神奇粉紅色藥膏
傳用近百年的外傷專用家庭常備藥
三宝製薬──トフメルA

三宝

　　若問到家中常備的外傷藥，不少日本人都會想起 TOFUMEL-A 這個記憶點相當強烈的粉紅色藥膏。製造這罐藥膏的三寶製藥創始人──渡邊久吉，原本是一位花店老闆，雖然經營得相當順利，卻在執業醫師兄長的請託下，放棄自己喜歡的事業，來到東京兄長執業的診所中幫忙。過程中，渡邊久吉發現診所自家調製的藥膏，可用於治療各種皮膚疾患，在患者間甚至有「神奇粉紅藥膏」之稱。就在幾經勸說之下，渡邊久吉好不容易才說服兄長將該藥膏商品化，推出了這罐傳用近百年的外傷專用常備藥。

　　絕大部分的外傷藥膏，都是將凡士林作為基劑，但 TOFUMEL-A 卻是採用希臘人從數千年前就開始使用，可以滋潤、軟化並促進皮膚新陳代謝的羊毛脂。不過 TOFUMEL-A 最具特色的成分為氧化鋅，由於該成分能於傷口或受傷等潰瘍處吸收組織液，同時搭配羊毛脂包覆使其維持自然療癒力，進而輔助傷口癒合速度。因此不僅限於一般的擦傷與刀傷，許多日本人也會用來治療嬰兒的尿布疹問題，以及久臥患者的褥瘡困擾。

　　正因為保持濕潤及包覆組織液等作用，近年來也有不少人將 TOFUMEL-A 應用於濕潤療法。所謂的濕潤療法，就是在確實清潔傷口後，以厚敷藥劑的方式，提升人體的自然治癒力，使傷口能好得更快且不易留下傷疤。正因為老藥能夠新用，所以 TOFUMEL-A 才能歷久彌新，成為傳用將近百年的家庭常備藥。

第2類医薬品

**トフメルA
（TOFUMEL-A）**

容量／價格● 15g ／ 880 円
　　　　　40g ／ 1,500 円
主要成分● 氧化鋅、dl- 樟腦、鹽酸氯己定、精純羊毛脂
適應症● 擦傷、刀傷、刺傷、燙傷、皮膚乾裂、皮膚龜裂、凍傷、皮膚消毒殺菌

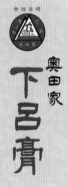

奧田家 下呂膏

接骨名醫祖傳祕藥
流傳成為溫泉鄉名產
奧田又右衛門膏本舖
——奧田家下呂膏

　　來自日本三大溫泉——下呂溫泉的奧田家下呂膏，是日本極具歷史意義的外貼傷藥。這種將黃柏末與楊梅皮抹於美濃和紙上、極具地方傳統特色的膏藥，據說就是日本外貼傷藥的原型。

　　奧田家是下呂溫泉一帶相當知名的接骨名醫世家，其第五代傳人「奧田又右衛門」因為醫術極為精湛，每天從日本各地前來求醫的患者據傳超過 200 人。為方便患者等候看診，奧田接骨院附近的民房還特別闢為民宿所用，全盛時期的民宿數量更是多達 7 間。

　　由於治療時所使用的祖傳膏藥效果備受肯定，在患者們屢屢請求下，奧田又右衛門才在近百年之前的昭和初期，將祖傳膏藥商品化，並命名為「東上田膏」，這也是下呂膏的前身。直到 1972 年時，才將這款祖傳祕藥改名為奧田家下呂膏。

　　目前奧田家下呂膏已經可以在スギ薬局以及 Bic Camera 等地方購入，但在下呂溫泉鄉卻有一家極具歷史特色的直營店，這裡除了下呂膏系列之外，還有溫泉粉以及獨家研發的保養品，甚至擺設許多關於下呂膏的歷史文物。日後若有機會前往下呂溫泉，不妨前去參觀一下哦！

奧田又右衛門膏本舖
岐阜縣下呂市森 28
JR 高山本縣「下呂駅」步行約 10 分鐘

第 3 類医薬品

奧田家下呂膏
容量／價格●10 片／ 1,300 円
　　　　　 20 片／ 2,500 円
主要成分●黃柏末、楊梅皮
適應症●跌打損傷、扭傷、肩膀僵硬疼痛、關節疼痛、肌肉痠痛、神經痛、風濕痛

第 3 類医薬品

白光
容量／價格●10 片／ 1,300 円
　　　　　 20 片／ 2,500 円
主要成分●黃柏末、楊梅皮、d-樟腦
適應症●跌打損傷、扭傷、肩膀僵硬疼痛、關節疼痛、肌肉痠痛、神經痛、風濕痛
●除了改善下呂膏使用後容易造成肌膚殘留痕跡的小缺點之外，還額外添加天然樟腦來強化應對發炎症狀。

タンペイ製薬

充滿廣告創意及故事性
從腦神經用藥變身為便祕藥
丹平製藥——健のう丸

　　創立於 1894 年的丹平製藥，是一家從 120 多年前就大玩廣告創意，成功讓旗下醫藥品深植人心的藥廠。例如便祕藥「健のう丸」以及牙痛用藥「今治水」，都是長銷超過百年以上的日本家庭常備藥。其中，健のう丸甚至是許多華人的訪日購物清單內的必買項目。在 1896 年上市時，健のう丸的商品名稱為「健腦丸」。或許有人會覺得奇怪，為何便祕藥的名字會跟腦扯上關係呢？其實，這一切都要從丹平製藥的創業者——森平兵衛本身的老毛病說起。在日本大量接受外來文化，逐步邁向現代化社會的 19 世紀末，日本的勞動型態也從肉體勞動轉換成腦力勞動。在這樣的時代與環境變遷之下，森平兵衛深受頭重問題所苦。為解決自身頭重、思緒不清晰的困擾，森平兵衛在藥學教官的指導下，嘗試調劑出最適合自己狀況的配方，開發出第一代的「健腦丸」。

　　從第一代健腦丸的成分來看，除了溴化鉀屬於大腦鎮靜劑之外，其他都是健胃與緩下成分。由於是以改善頭重問題所開發的藥物，因此當年的藥物分類為腦神經用藥，就連廣告招牌都採用視覺效果相當強烈的光頭頭像。後來，隨著日本藥事法規的修訂，丹平製藥著手變更處方，並將商品名稱當中的「腦」字，也從漢字修改為平假名。經由數次的處方變更，才打造出現今適用於便祕或是其相關症狀訴求的健腦丸。不過換個角度思考，便祕問題改善之後，思緒上的確也會顯得神清氣爽許多，這或許就是健のう丸保留商品名稱發音的原因之一吧？

▼最早的藥物分類歸類腦神經用藥，因此金看板上採用大大的光頭頭像。

第 2 類医薬品

健のう丸

容量／價格● 540 粒／ 1,800 円
　　　　　　1,200 粒／ 3,600 円
主要成分● 大黃末、蘆薈末、番瀉苷、鈣
適應症●便祕以及緩和頭重、頭昏、肌膚粗糙、痘痘、食慾不振、腹脹、腸內異常發酵、痔瘡等便祕引起之相關症狀

透明な被膜で傷口をガード
コロスキン®

神祕的誕生過程與名稱由來
熱賣 77 年的液態 OK 繃
東京甲子社——コロスキン

　　清潔傷口之後只要塗抹一層，就可在傷口上方形成一道保護層的液態 OK 繃，是近年來華人赴日旅遊時必買的外傷常備藥之一。由於凝膠形成薄膜後，可保護傷口不會接觸到充斥於環境中的細菌，就算是碰到水或是清潔劑，也不會感覺刺痛，因此受到不少服務業從業人員以及家庭主婦的喜愛。或許是這幾年人氣突然爆發的關係，所以不少人都以為液態 OK 繃是日本人最近才發明的新玩意兒。事實上，液態 OK 繃問世已有將近 80 年的歷史了。

　　在日本的藥妝店當中，知名的液態 OK 繃品牌至少有五種之多，但東京甲子社所開發的コロスキン（Coloskin）自 1943 年以來歷史長達 77 年，堪稱是液態 OK 繃界的先驅。可惜的是，因為相關文件都在二戰大火中燒燬，所以關於 Coloskin 的開發過程以及商品名稱由來，至今仍充滿謎團。不過目前可確定的是，二戰前的 Coloskin 成分相當多，包括硝化纖維素、樟腦、乙酸乙酯、蓖麻油、醋酸雜醇以及酒精，所以適應症還包括凍傷及裂傷。有趣的是，在早期的仿單當中，還提到 Coloskin 可以當成接著劑，用於修繕破裂的玩具或碗盤。

　　由於 Coloskin 的發音與日文中的「殺」與「菌」兩字相同，因此不少人都猜測名稱由來與殺菌有關。然而 Coloskin 原本就是為保護傷口所研發，因此較有說服力的名稱來源，應該是耐水薄膜成分「collodion」以及皮膚的英文「skin」組合而成的新造詞。

　　77 年前所開發的液態 OK 繃，成為現今的熱門商品，再次說明日本的家庭藥禁得起時代考驗，是跨國界人人都愛用的家庭常備藥。

台灣版本包裝

第3類医薬品

コロスキン（Coloskin）

容量／價格● 11ml ／ 880 円
主要成分● 硝化纖維素、d-樟腦
適應症● 小切傷、擦傷、指溝乾裂、皮膚龜裂

透明な被膜で傷口をガード
コロスキン
Coloskin®

第3類医薬品

コロスキン ミニ 2 本入り

容量／價格● 5mL×2 ／ 1,200 円
2019 年推出的 5 毫升小包裝。方便攜帶，能同時放在家中或包包等不同的地方。

明治40年頃の 木曽路・御嶽山登山案内

日野製藥 株式会社

源自於日本民間的山岳信仰
流傳數百年胃腸御靈藥百草為基底
日野製藥——日野百草丸

源自於長野縣境內的百草丸，是現今仍廣為流傳的地方傳統藥。位於日本中部長野縣與岐阜縣交界的御嶽山，自古以來就是山岳信仰中心之一。在醫療資源缺乏的環境之中，修道者們便運用古人的智慧，就地取材熬煮黃柏樹皮，萃取出具抗菌作用的黃連素，並製作成可應對腹瀉等胃腸症狀的靈藥百草。將百草融合多種草藥之後，便可製成百草丸。

在這樣的背景之下，御嶽山周圍逐漸發展出製作百草的聚落。一開始名為日野屋的日野製藥，亦是從三百多年前江戶時代末期就存在至今的百草販售者之一。不過，日野屋在一開始的主業，是日本五大古道之一——中山道上的「旅籠」，也就是提供旅人們食宿，同時也販賣百草的設施。直到19世紀末的明治時代，便以販售百草為家業，至昭和時代則設立公司進行製造及販售。

傳統的百草型態，是製作成一大塊，並且以竹葉包裹，成分則是100%的黃柏樹皮萃取物。日野製藥從1950年開始，將百草加入數種草藥製成百草丸，並著手改良百草的製法。除了製作成更方便吞服的小藥丸型態之外，同時也逐步加入各種健胃整腸與修復黏膜成分，最後才完成百草丸這個至今仍深受日本人信賴，全家老少皆適用的家庭常備胃腸藥。

▼以純黃柏樹皮萃取物製成的百草。

▶明治四十四年（1911）開始，日野屋從旅籠轉業同時，將販售百草作為家業。

第2類医薬品

日野百草丸

容量/價格● 480 粒／580 円
1,020 粒／960 円
2,460 粒／1,920 円
7,800 粒／5,500 円
20 粒×12 包／860 円
主要成分●黃柏萃取物、牻牛兒苗末、白朮末、莪朮末、延胡索末、龍膽末、當藥末
適應症●食慾不振、胃脹、腹脹、消化不良、胃弱、吃太飽、喝太多、火燒心、胃悶、胸悶、噁心、嘔吐

誕生自小藥局老闆的體貼之心
眾人一試成主顧的黃色護手霜
ユースキン製藥──Yuskin A

◀60多年前誕生的第一代悠斯晶。當時的容器與現在不同，採用玻璃罐裝。

誕生於物資缺乏的戰後復興時期，日本史上第一罐醫藥品等級的黃色護手霜──悠斯晶（Yuskin），可說是日本最經典的護膚型家庭常備藥。當年日本的主流護手霜，是那種使用起來感覺黏膩，使用後容易讓雙手沾染灰塵的石油類油脂護手霜。在川崎經營小藥局的野渡良清，總是習慣傾聽客人的聲音。某天有位婦女向他抱怨，為什麼沒有那種使用起來能修復乾裂雙手，卻又清爽不黏膩的護手霜呢？就是這句話，成為了悠斯晶60多年歷史的開端。

野渡良清想說，難道無法做出不黏膩但有效的護手霜嗎？於是他便向化學及藥學專家「綿谷益次郎」尋求協助。綿谷先生運用自身的乳化技術專長，以甘油為基底研發不黏膩的乳霜，並搭配維生素 B2 及輔助促進循環的 dl-樟腦等成分，一瓶帶有獨特清涼氣味的鮮黃色護手霜就此誕生，並以「你的肌膚（Your Skin）」為概念，將其命名為「悠斯晶（Yuskin）」。

由於悠斯晶的滲透力佳、使用起來不黏膩，再加上修復及保濕機能相當有感，所以在問世一段時間之後，便累積不少愛用者。直到今日，即使已經誕生超過一甲子，仍是許多日本人購買護手產品的首選。

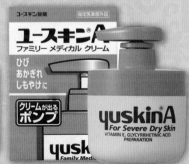

指定医薬部外品

ユースキン A（Yuskin A）

容量／價格● 70g ／ 830 円
　　　　　120g ／ 1,240 円
　　　　　260g ／ 1,505 円
主要成分●維生素 E、甘草酸、dl-樟腦、甘油、維生素 B2、維生素 C、玻尿酸鈉
適應症●皮膚龜裂、指溝乾裂、凍傷

PART 5

日本人的醫藥箱

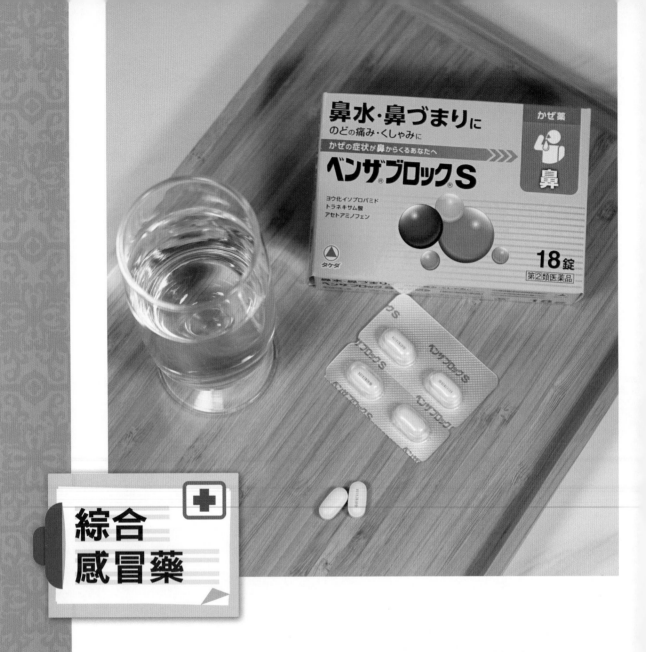

綜合感冒藥

即使台灣醫療方便又便宜，但在稍微不舒服就自己療護的「自我藥療」觀念逐漸普及之下，不少人前往日本旅遊時，都會在藥妝店買些常備藥回國。其實感冒時最重要的一件事，就是充分攝取營養及休息，並在必要時，透過感冒藥來協助緩解不適症狀。

由於感冒症狀通常是一個接一個出現，甚至是多種症狀同時併發，因此能夠同時應對多種症狀的綜合感冒藥，便成為許多家庭的醫藥箱必備藥品之一。一般來說，綜合感冒藥通常會包括解熱鎮痛劑、抗組織胺藥劑、鎮咳祛痰劑以及咖啡因等成分。有些較為講究的綜合感冒藥，則是會添加維生素成分或是護胃成分。除此之外，日本有些綜合感冒藥會結合東西方醫學，所以在部分商品當中，也會添加草本成分或中藥成分。

可對症選擇黃・銀・藍三版本
感冒藥分類觀念的先驅
ベンザブロック

　　若感冒時無法立即就醫，請醫師為自己量身打造緩解症狀的藥物時，不少人都會選擇服用市面上販售的綜合感冒藥。不過，每個人體質與感冒的狀況不同，出現的症狀亦不盡相同，通常會從個人最為敏感或脆弱的部位開始出現症狀。例如有些人一開始只有喉嚨痛，但有些人卻是打噴嚏與流鼻水。因此，若是服用相同的綜合感冒藥，可能無法有效率地緩解特別難受的症狀。

　　對於這種特定症狀較難受的感冒問題，武田 Consumer Healthcare，也就是當時的武田藥品工業便將感冒藥品牌 BENZA®BLOCK® 細分成三個類型。基本上，這三種類型都同時添加了解熱鎮痛劑、抗組織胺藥劑等成分，可用於緩解各種感冒不適症狀。

　　不過各類型仍會針對各種不同的強烈不適症狀，在詳細成分組合與劑量上進行調整。例如，**黃色 BENZA®BLOCK®S** 針對感冒時**鼻塞**、**流鼻水**等症狀，添加三種有效成分；**銀色 BENZA®BLOCK®L** 則是添加布洛芬來緩解**喉嚨痛**與**發燒**症狀，同時還利用偽麻黃鹼來緩解**鼻塞**，透過減少經口呼吸方式，緩和喉嚨痛的問題；另一方面，**藍色 BENZA®BLOCK®IP** 則是添加能夠緩解**發燒畏寒**等症狀的**布洛芬**，同時也搭配維生素成分。有愈來愈多的日本人，就是像這樣根據自身症狀表現強弱的方式，去選擇適合自己的綜合感冒藥，如此一來，就能更有效率的緩解較為難受的症狀。一旦難受症狀緩解而覺得舒緩，就自然可以睡得較為安穩，且較有胃口攝取足夠的營養。

指定第 2 類医薬品

ベンザブロック S

容量/價格● 18 錠／1,350 円
30 錠／1,780 円
用法用量● 一日服用次數：3 次

年齡	劑量
15 歲以上	1 次 2 錠
12～14 歲	1 次 1 錠
未滿 12 歲	不建議服用

適合感冒從**鼻子症狀**開始出現者。流鼻水或鼻塞症狀最難受的人都選這款。

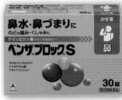

指定第 2 類医薬品

ベンザブロック L

容量/價格● 18 錠／1,650 円
30 錠／2,380 円
用法用量● 一日服用次數：3 次

年齡	劑量
15 歲以上	1 次 2 錠
未滿 15 歲	不建議服用

適合感冒從**喉嚨**和**咳嗽**症狀開始出現者。喉嚨痛症狀最難受的人都選這款。

指定第 2 類医薬品

ベンザブロック IP

容量/價格● 18 錠／1,650 円
30 錠／2,380 円
用法用量● 一日服用次數：3 次

年齡	劑量
15 歲以上	1 次 2 錠
未滿 15 歲	不建議服用

適合感冒從**發燒畏寒**症狀開始出現者。發燒畏寒症狀最難受的人都選這款。

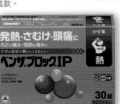

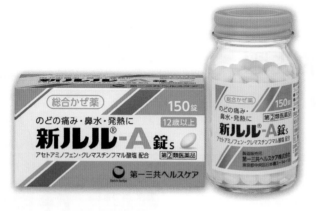

第②類医薬品

新ルル -A 錠 S

廠商名稱●第一三共ヘルスケア
容量/價格●50 錠／1,500 円
　　　　　100 錠／2,450 円
　　　　　150 錠／3,100 円

台灣人相當熟悉的 LULU 綜合感冒藥，也是整個 LULU 家族的基本款。針對發燒、喉嚨痛及流鼻水等感冒常見症狀所設計，12 歲以上就可服用，是日本人的家庭常備藥之一。

第②類医薬品

パブロン ゴールド A ＜微粒＞

廠商名稱●大正製薬
容量/價格●28 包／1,700 円
　　　　　44 包／2,500 円

眾多台灣人訪日必掃的綜合感冒藥。12 歲以上即可服用。強化祛痰成分，可幫助排出附著於喉嚨的異物。劑型是小朋友也能簡單服用的藥粉，而且分包類型相當方便攜帶。

第②類医薬品

パブロンメディカル C

廠商名稱●大正製薬
容量/價格●18 錠／1,380 円
　　　　　30 錠／1,980 円

大正百保能綜合感冒藥系列當中，針對咳嗽症狀所開發的特化版本。除止咳與支氣管擴張成分外，還添加桔梗及櫻皮這兩種滋潤呼吸道黏膜的中藥成分，可輔助痰液更好排出。

第②類医薬品

コルゲンコーワ
IB 透明カプセル α プラス

廠商名稱●興和
容量/價格●18 粒／1,500 円
　　　　　30 粒／2,000 円

包含高劑量布洛芬在內，將 6 種退燒止痛、鎮咳及抗過敏成分製成藥效發揮較快的液態膠囊。特別強化止咳與祛痰成分，很適合用於感冒後期對付難纏的咳嗽症狀。

第②類医薬品

ストナ プラス ジェル S

廠商名稱●佐藤製藥
容量/價格●18 粒／1,800 円　30 粒／2,750 円
針對咳嗽症狀所開發的綜合感冒藥。兩種醫師處方常見的祛
痰成分，搭配諾斯卡賓等三種止咳成分，再添加維生素 B₂ 來
輔助修復因咳嗽而受損的呼吸道黏膜。

第②類医薬品

改源錠

廠商名稱●カイゲンファーマー
容量/價格●36 錠／1,260 円
以甘草、桂皮及生薑這三種能提升人體自癒力的中藥材，搭配三種能
緩和發燒頭痛及咳嗽等症狀之西藥成分的綜合感冒藥。藥錠小顆易吞
服，是一款全家老少都適用的常備藥。

第②類医薬品

ストナ アイビー ジェル S

廠商名稱●佐藤製藥
容量/價格●18 粒／1,600 円　30 粒／2,450 円
同時搭配布洛芬、傳明酸與無水咖啡因，是一款強化退燒及
消炎止痛成分的綜合感冒藥。劑型方面是能夠較快速溶解並
受人體吸收的液態軟膠囊。

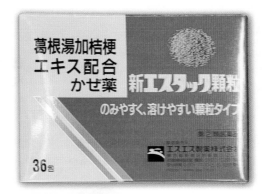

第②類医薬品

新エスタック顆粒

廠商名稱●エスエス製藥
容量/價格●22 包／2,200 円　36 包／3,500 円
針對咳嗽、痰液與喉嚨痛等喉嚨症狀，採用中藥「葛根湯加桔梗」
作為基底，再搭配退燒止痛與抗過敏成分。屬於中西藥合併的分包
裝顆粒藥粉，方便吞服。

第②類医薬品

プレコール 持続性カプセル

廠商名稱●第一三共ヘルスケア
容量/價格●12 粒／1,000 円　24 粒／1,650 円　36 粒／2,100 円
將 7 種成分製作成速效型及緩效型兩種顆粒的綜合感冒膠囊。利用溶解
時間不同來拉長藥效持續期間，因此一天只需要早晚各服用一次即可，
適合忙碌而無法按時服藥的人。

第 3 類医薬品

龍角散ダイレクト スティック

廠商名稱●龍角散
容量／價格● 16 包／ 700 円

守護日本人喉嚨健康的龍角散顆粒產品。藍色為薄荷口味，粉色為水蜜桃口味。輕盈的顆粒入口即化，無需搭配開水服用。便於攜帶的獨立條狀包裝，能隨時隨地滋潤你的咽喉。成人每日服用上限為 6 條。

第 3 類医薬品

龍角散ダイレクト トローチ

廠商名稱●龍角散
容量／價格● 20 錠／ 600 円

唯一添加草本植物成分的口含片。含片中所含的薄荷醇，能為喉嚨帶來長時間的清涼舒爽，芒果香氣使你唇齒留香。當喉嚨不舒服時，建議將含片含在口中，待含片慢慢融化後，內含的草本植物可發揮其功效。成人一天服用上限為 6 片。

第 3 類医薬品

ハレナース

廠商名稱●小林製薬
容量／價格● 9 包／ 1,200 円
　　　　　 18 包／ 2,200 円

添加傳明酸及甘草兩種抗發炎成分，專為扁桃腺腫脹疼痛問題所開發，不必搭配開水也能直接服用的顆粒藥粉。帶有舒服的清涼感，能讓腫痛的喉嚨即刻得到舒緩。

第 3 類医薬品

ペラック T 錠

廠商名稱●第一三共ヘルスケア
容量／價格● 18 錠／ 1,200 円
　　　　　 36 錠／ 2,200 円
　　　　　 54 錠／ 2,800 円

傳明酸搭配甘草的雙重抗發炎成分，可用來應對乾燥、刺激以及 K 歌過頭對喉嚨引起的疼痛與傷害。另外搭配維生素 B₂、B₆ 及 C，可發揮輔助修護呼吸道及口腔黏膜的作用。

第 3 類医薬品

のどぬ～る　スプレー

廠商名稱●小林製薬
容量／價格● 15mL ／ 1,100 円
　　　　　 25mL ／ 1,500 円

含碘的喉嚨噴霧。加長型的噴嘴設計，可以更精準地針對喉嚨疼痛的部位進行殺菌。一般建議在噴完藥劑之後，等待 5 ～ 10 分鐘後再進食。

第 3 類医薬品

フィニッシュコーワ

廠商名稱●興和
容量/價格●18mL ／ 1,100 円
主成分為聚維酮碘,也就是俗稱優碘的喉嚨噴霧。可對喉嚨進行殺菌,並輔助改善喉嚨痛等不適感。特殊噴頭可讓藥劑集中於一直線,準確朝患部噴射,共有三種不同口味可供選擇。

原味

薄荷口味

白葡萄口味

8歳以上
OK!

第 1 類医薬品

アネトン せき止め顆粒

廠商名稱●ジョンソン エンド ジョンソン
容量/價格●16 包／ 1,800 円
主打成分為能夠幫助支氣管擴張的茶鹼(Theophylline),同時搭配能夠抑制咳嗽中樞與抑制支氣管痙攣等止咳成分,以及抗組織胺成分和祛痰成分,因此可從多方面應對引發咳嗽與痰液形成的原因。

第 2 類医薬品

ストナ去たんカプセル

廠商名稱●佐藤製藥
容量/價格●18 粒／ 1,080 円
36 粒／ 1,900 円
針對痰液所開發的祛痰膠囊。搭配兩種能讓痰液變稀且容易滑動的西藥成分,藉此緩和喉嚨有痰所引起的咳嗽症狀。

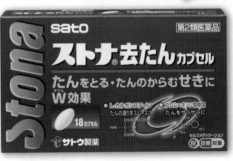

第②類医薬品

新コルゲンコーワ
咳止め透明カプセル

廠商名稱●興和
容量/價格●18 粒／ 1,100 円
36 粒／ 1,800 円
搭配 5 種止咳及祛痰成分,適合用於感冒後期的咳嗽問題。快速溶解的透明液態膠囊劑型,不需要刻意先吃東西墊胃,隨時都可以服用,但需注意要間隔 4 小時以上,才能再次服用。

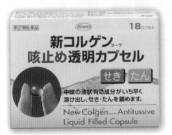

第 2 類医薬品

ダスモック b

廠商名稱●小林製藥
容量/價格●40 錠／ 1,500 円
80 錠／ 2,700 円
把治療咳嗽與咳痰的中藥「清肺湯」製成錠劑,可幫助排出支氣管內的髒污物質。較適合用於因空氣污染或吸菸所引起的咳嗽問題。

第②類医薬品

快気散

廠商名稱●摩耶堂製藥
容量/價格●12 包／ 1,580 円
24 包／ 2,680 円
針對長年久咳或是久久無法治癒的咳嗽所開發,是一款添加 17 種中藥材的純中藥止咳藥散。在適應症方面,對於支氣管炎所引起的咳嗽也適用。（部分通路限定）

2歳以上
OK!

鼻炎、過敏用藥

7歲以上 OK！

第 2 類医薬品

ナザールスプレー（ラベンダー）

廠商名稱●佐藤製薬
容量／價格●30mL ／ 1,180 円
主成分為血管收縮劑，搭配抗組織胺及殺菌成分，可用來改善鼻塞及流鼻水等過敏性鼻炎症狀。噴霧帶有淡淡的薰衣草香。

7歲以上 OK！

第 2 類医薬品

エージーノーズ アレルカット C

廠商名稱●第一三共ヘルスケア
容量／價格●30mL ／ 2,580 円
除血管收縮劑及兩種抗過敏成分之外，還搭配可抗發炎的甘草酸二鉀。噴霧本身帶有舒服的清涼感，適合在鼻炎或過敏時用來緩解不適。

第 2 類医薬品

ストナリニ S

廠商名稱●佐藤製薬
容量／價格●12 錠／ 1,100 円
　　　　　18 錠／ 1,540 円
　　　　　24 錠／ 1,880 円
添加抗組織胺、血管收縮劑以及副交感神經阻斷劑，能同時應對各種鼻炎相關症狀。胃溶性及腸溶性雙層藥錠設計，可延長藥效發揮時間，因此一天只需服用一次。

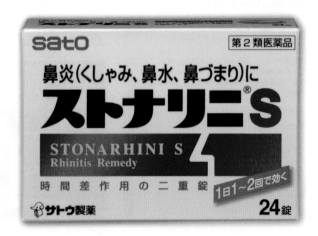

第②類医薬品

パブロン鼻炎速溶錠 EX

廠商名稱●大正製藥
容量/價格●24 錠／980 円
　　　　　48 錠／1,780 円

針對急性鼻炎及過敏性鼻炎之各種症狀所開發，不需配水就能服用的速溶錠。採用獨家速溶製劑技術，含在口中十幾秒就能完全溶解，而且帶有舒服的清涼感。

第 2 類医薬品

アレグラ FX

廠商名稱●久光製藥
容量/價格●14 錠／1,314 円
　　　　　28 錠／1,886 円
　　　　　56 錠／3,500 円

主成分為鹽酸非索非那定（Fexofenadine Hydrochloride），是次世代抗組織胺的一種。適用於花粉、塵蟎及季節性鼻炎等所引起的不適症狀。一天需要早晚各服用一次，即使空腹也能服藥。

第 2 類医薬品

ジンマート錠

廠商名稱●ロート製藥
容量/價格●14 錠／1,600 円

專為蕁麻疹所開發的口服錠。除抗組織胺成分之外，還搭配能維持皮膚、黏膜健康以及輔助改善皮膚發炎症狀的維生素 B_2 及 B_6。無論是餐後或空腹皆可服用。

第 2 類医薬品

ムヒ DC 速溶錠

廠商名稱●池田模範堂
容量/價格●12 錠／1,000 円

日本 OTC 中首款專為對動物過敏症狀所開發的抗過敏藥物。採用 howatt 技術製成之輕快速崩口溶錠，不需搭配開水就能服用。口溶錠本身帶有清新的薄荷桃子味。

止痛藥

ロキソニンシリーズ
LOXONIN 系列

系列共通主成分為洛普芬鈉 (Loxoprofen Sodium Hydrate)，在日本原本屬於處方用藥成分，但隨著日本藥事法規修改，於 2011 年下放成為 OTC 醫藥品。由於藥效較強且對胃部負擔較大的關係，因此在日本被列為第一類醫藥品，也就是需要有藥劑師執業時的藥妝店或藥局才能購入。

イブシリーズ
EVE 系列

在台灣及香港都擁有高知名度的 EVE 止痛藥（白兔牌止痛藥）。其特色為方便吞服的小錠劑，再加上止痛成分布洛芬（Ibuprofen）具備相當不錯的止痛效果，所以在華人圈一直被譽為止痛神藥。布洛芬是一種非類固醇消炎止痛藥（NSAIDs），有些人會對該成分產生過敏反應，因此在服用前必須先確認自己是否對這類藥物有過敏史。

第②類医薬品

イブ A 錠

廠商名稱●エスエス製薬
容量／價格●60 錠／ 1,680 円
許多台灣女生都會準備在身邊的止痛藥，近年來成為許多日本藥妝店攬客用的重點商品，因此價差範圍也相當大。

第②類医薬品

イブクィック頭痛薬

廠商名稱●エスエス製薬
容量／價格●40 錠／ 1,995 円
EVE A 的升級版本。除了添加護胃成分氧化鎂之外，還採用快速溶解製劑技術，讓止痛作用能更快發揮。

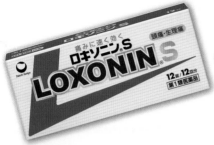
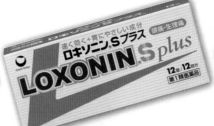
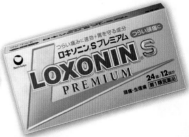

第1類医薬品
ロキソニン S

廠商名稱●第一三共ヘルスケア
容量/價格●12 錠／648 円
LOXONIN S 藍盒為系列基本款。因為止痛效果及止痛速度的表現備受肯定，近年來成為日本人挑選止痛藥的首選之一。

第1類医薬品
ロキソニン S プラス

廠商名稱●第一三共ヘルスケア
容量/價格●12 錠／698 円
LOXONIN S 粉盒額外添加護胃成分氧化鎂，適合胃部比較容易因為服藥而感到不適的人。

第1類医薬品
ロキソニン S プレミアム

廠商名稱●第一三共ヘルスケア
容量/價格●24 錠／1,180 円
LOXONIN S 金盒為強效升級版，搭配較好的護胃成分與強化止痛作用的無水咖啡因。另外還搭配可強化止痛作用的鎮靜劑烯丙異丙乙醯脲，因此服用後需注意是否有嗜睡問題出現。

其他常見止痛藥

第②類医薬品
ナロンエース T

廠商名稱●大正製薬
容量/價格●48 錠／1,600 円　84 錠／2,730 円
同時搭配布洛芬與鄰乙氧苯甲醯胺兩種止痛成分，再搭配無水咖啡因及鎮靜劑溴化纈草酸尿素，是大正製藥常用的速效止痛成分組合。

第②類医薬品
リングルアイビー α 200

廠商名稱●佐藤製薬
容量/價格●12 粒／1,180 円　24 粒／2,080 円
　　　　　　36 粒／2,850 円
日本藥妝店當中相當少見的布洛芬單方製劑。每次建議服用量當中，含有 200mg 的布洛芬，為日本 OTC 醫藥品的規範上限。獨特的液態膠囊，能快速發揮藥效。

第②類医薬品
バファリン プレミアム

廠商名稱●ライオン
容量/價格●20 錠／980 円　40 錠／1,580 円　60 錠／1,980 円
獅王 BUFFERIN 向來是許多日本人愛用的止痛藥品牌，這款 PERMIUM 高級版本採用速解速溶技術，止痛成分以 1：1 混和布洛芬與乙醯胺酚，再搭配無水咖啡因及鎮靜劑烯丙異丙乙醯脲，止痛成分可說相當全面。

第 2 類医薬品
バファリン ルナ J

廠商名稱●ライオン
容量/價格●12 錠／700 円
專為年滿 7 歲的學童所開發，主成分與普拿疼相同的乙醯胺酚。錠劑本身為水果口味的咀嚼錠，讓小朋友沒有水也能輕鬆服藥。

胃腸不適

第 2 類医薬品

太田胃散＜分包＞

廠商名稱●太田胃散
容量／價格●16 包／ 590 円
　　　　　 32 包／ 1,120 円
　　　　　 48 包／ 1,580 円
搭配 7 種健胃中藥、4 種制酸劑及 1 種消化酵素，是許多日本人用來應對消化不良或火燒心等胃部不適感的胃藥。服用起來帶有一股舒服的清涼感。分包類型方便攜帶，成分與傳統罐裝相同。

第 2 類医薬品

キャベジンコーワα

廠商名稱●興和
容量／價格●18 錠／ 600 円
　　　　　 100 錠／ 1,200 円
　　　　　 200 錠／ 1,900 円
　　　　　 300 錠／ 2,500 円
台人訪日必掃貨的克潰精。除健胃、制酸成分之外，還添加輔助胃黏膜修復成分 MMSC。另外更搭配能活化胃部活動的紫蘇葉萃取物，以及澱粉酶、脂肪酶等消化酵素，特別適合油膩飲食偏多的華人。

第 2 類医薬品

キャベジンコーワα顆粒

廠商名稱●興和
容量／價格●12 包／ 650 円
　　　　　 28 包／ 1,400 円
　　　　　 56 包／ 2,350 円
克潰精的顆粒散劑版本。成分組合與錠劑相同，方便攜帶且服用起來更簡單且速效。適合吞嚥能力較差的孩童與高齡者。

第 2 類医薬品

パンシロン キュア SP 錠

廠商名稱●ロート製薬
容量／價格●30 錠／ 950 円
適合在胃酸分泌過多引起胃痛，以及胃食道逆流時服用的胃藥。在中和過多胃酸的同時，也會透過胃黏膜修復成分及健胃中藥來發揮護胃作用。無論是空腹或餐後都可以服用。

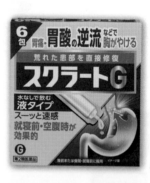

第 2 類医薬品

スクラート G

廠商名稱●ライオン
容量／價格●6 包／ 950 円
　　　　　 12 包／ 1,780 円
搭配制酸、健胃以及修復胃黏膜成分，專為胃痛及胃食道逆流問題所開發的液態胃藥。獨特的黏膠附著性凝膠製劑，可保護胃的發炎患部。特別適合睡覺時經常被胃酸嗆醒，或是一早起來就覺得噁心想吐的人在睡前服用。

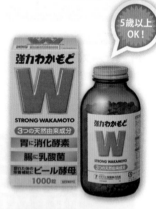

第 3 類医薬品

強力わかもと錠

廠商名稱●わかもと製薬
容量／價格●300 錠／ 1,000 円
　　　　　 1,000 錠／ 2,500 円
在台灣知名度極高，同時具備消化、整腸及補充營養等三項機能的胃腸藥。特別適合消化能力差或是食慾不佳、需要補充營養的孩童和高齡者。

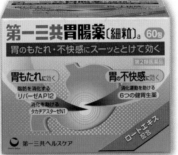

第 2 類医薬品

大正漢方胃腸薬

廠商名稱●大正製薬
容量／價格●32 包／1,980 円
　　　　　48 包／2,600 円
安中散＋芍藥甘草湯所調合而成的純中藥胃
腸藥。安中散主要能讓胃部恢復原本的健康
狀態，而芍藥甘草湯則是能消除胃部的緊張
狀態，特別適合容易感到壓力大的現代人。

第 2 類医薬品

第一三共胃腸薬〔細粒〕a

廠商名稱●第一三共ヘルスケア
容量／價格●32 包／1,450 円
　　　　　60 包／2,350 円
同時具備健胃、止痛、制酸、修復胃黏膜以
及促進消化等五種機能的胃腸藥散。除了消
化不良所引起的不適感之外，在胃酸分泌過
多及胃炎時也適合服用。

第 1 類医薬品

ガスター 10 錠剤

廠商名稱●第一三共ヘルスケア
容量／價格●6 錠／980 円
　　　　　12 錠／1,580 円
主成分為 H₂ 受體阻抗劑，可用於胃酸分泌
過多所引起的胃痛及胃悶等症狀。不需搭配
開水即能隨時服用的速溶錠，但此類藥劑較
不建議 15 歲以下及 80 歲以上的患者服用。

指定医薬部外品

新ビオフェルミン S 細粒

廠商名稱●ビオフェルミン製薬
容量／價格●45g／980 円
添加三種乳酸菌，可幫助調節腸道環境的胃
腸藥。嬰兒也能簡單服用的細粒版本，是許
多媽媽用來解決嬰幼兒腹脹、便祕或軟便等
問題的好幫手。

第 3 類医薬品

太田胃散整腸薬

廠商名稱●太田胃散
容量／價格●160 錠／1,380 円
　　　　　370 錠／2,680 円
使用能夠改善腸道蠕動狀態的中藥，搭配調
節腸道環境的 2 種乳酸菌及酪酸菌同時能應
對軟便、便祕以及腹脹等問題。

第 3 類医薬品

ザ・ガードコーワ整腸錠 α3＋

廠商名稱●興和
容量／價格●150 錠／1,580 円
　　　　　350 錠／2,900 円
　　　　　550 錠／3,900 円
兩種乳酸菌加上納豆菌，再搭配多種健胃及
制酸成分，以及 KOWA 克潰精當中的胃黏
膜修復成分。雖然主打整腸機能，但其實是
一款結合胃藥的整腸錠。

來自中醫臨床經典處方
採獨家研發的日本國產中藥材調配
タケダ漢方便秘薬

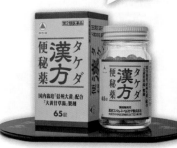

力求接近
自然排便的
武田漢方
便祕藥

　日本藥妝店當中的便祕藥種類繁多，而武田漢方便祕藥則是深受日本人信賴的品牌之一。對於國產品總是感到安心的日本人而言，武田漢方便祕藥的獨到之處，就是武田耗費 20 年才改良成功的國產中藥材「信州大黃」。

　武田漢方便祕藥的配方，是來自於東漢醫藥經典《金匱要略》中的「大黃甘草湯」。在這帖藥方當中，大黃是具備瀉熱通腸效果的重點成分。然而，日本環境並不適合栽種原生於中國的大黃，因此過去僅能從國外進口原料。然而，高品質的大黃不僅價格昂貴，而且產量也較不穩定。於是武田從 1939 年開始投入日本國產大黃的改良研究，並從數千個大黃的品種當中，成功改良出緩下作用穩定的日本國產「信州大黃」。

　目前武田與北海道農家合作，於好山好水的北海道種植武田漢方便祕藥所需的大黃。每一株信州大黃從種植到採收，大約需要耗費 5 年時間，可說是相當珍貴稀有且首見的日本國產大黃，也是少數在日本當地栽種的中藥材。

第 2 類医薬品

タケダ漢方便秘薬

容量／價格 ● 65 錠／ 1,380 円
120 錠／ 2,380 円
180 錠／ 3,280 円

用法用量

年齡	輕度便秘	嚴重便秘
15 歲以上	1～3 錠	2～4 錠
5～14 歲	0.5～1.5 錠	1～2 錠
未滿 5 歲	不建議服用	

漢方處方中的「大黃甘草湯」製劑，五歲以上就可服用。一般建議在睡前服用，隔日起床後，就能在自然的狀態下出現便意。可依照自身狀況調節藥量，可以利用藥錠中間的刻痕將藥錠折半，藉以調整服用量。只要搭配湯匙隆起的那一面，就能簡單折半藥錠。

便祕藥

3歲以上
OK!

第 2 類医薬品

百毒下し

廠商名稱●翠松堂製薬
容量/價格●256 粒／1,000 円
　　　　　480 粒／1,650 円（分包装）
　　　　　1,152 粒／3,000 円
　　　　　2,560 粒／5,800 円
　　　　　5,120 粒／10,000 円
在日本傳用超過百年，藥品名稱令人印象深刻的便祕藥。採用 6 種中藥材所調合的小藥丸，就連小朋友都能輕鬆吞服。

第 2 類医薬品

オイレスA

廠商名稱●大木製薬
容量/價格●10 個／1,200 円
主成分為接觸性瀉劑比沙可啶 (Bisacodyl) 的便祕塞劑。相對於口服便祕藥而言，這種塞劑對直腸直接產生刺激，大概 3 ～ 5 分鐘後就會產生便意。由於長期使用會產生依賴性，因此要避免連續使用。

止瀉藥

第 ② 類医薬品

トメダインコーワフィルム

廠商名稱●興和
容量/價格●6 片／1,000 円
主成分洛哌丁胺（Loperamide）對於吃太飽、喝太多或是睡覺著涼所引起的腹瀉具有不錯的效果。做成薄片狀的藥劑入口即化，能迅速發揮藥效，很適合夾在錢包或證件袋中以備不時之需。

第 2 類医薬品

ストッパ下痢止め EX

廠商名稱●ライオン
容量/價格●12 錠／980 円
　　　　　24 錠／1,680 円
不需搭配開水就能服用的崩解錠，含有抑制腸道異常收縮的東莨菪萃取物，搭配能夠抑制腸黏膜發炎與殺菌的無味黃連素，可用來應對會議或考試時突然排山倒海而來的便意。

5歲以上
OK!

第 2 類医薬品

セイロガン糖衣 A 携帯用

廠商名稱●大幸藥品
容量/價格●24 錠／800 円
俗稱臭藥丸的正露丸糖衣錠。在糖衣包裹之下，特殊的木餾油味明顯減少許多。輕巧的隨身盒裝，很適合出國或到外地旅遊時隨身攜帶，以防水土不服之需。

第 2 類医薬品

ビオフェルミン下痢止め

廠商名稱●ビオフェルミン製薬
容量/價格●30 錠／1,000 円
主要止瀉成分為東莨菪萃取物與無味黃連素，並搭配芍藥萃取物來緩和不舒服的腹痛。除此之外，還搭配修復腸道黏膜的成分，以及表飛鳴拿手的乳酸菌，有助於改善異常的腸道環境。

有效成分從細胞應對疲勞問題

日本的長銷維生素製劑
武田合利他命系列

經常感到全身無力、提不起勁或是全身到處痠痛嗎？其實這些「疲勞」的症狀，都是身體在提醒我們過度操勞的警訊。然而我們對於疲勞的問題，並不像疼痛或發燒那般重視，所以並沒有太多人會立即著手改善。若是自己每天都覺得好累，那就得在累出病或受傷前，好好改善一下自己的生活型態。

日本藥妝店裡所陳列的維生素 B 群當中，武田合利他命向來是台灣旅客必買清單上的固定班底。其實，日本藥妝店裡的醫療級維生素 B 群種類相當多，但絕大部分的台灣旅客，都會因為長輩指名而購買合利他命。

對於總是覺得疲勞的上班族，或是有關節痛、肌肉痠痛困擾的長輩們來說，合利他命令人確實有感的祕密，可能就在於關鍵成分「呋喃硫胺」（Fursultiamine）。

對抗疲勞及維持神經機能健康
現代人容易缺乏的重要營養素
維生素 B_1

當人體無法產生活動所需的能量時，我們就可能會覺得疲勞。在這個時候，最重要的是補充醣類、脂肪、蛋白質等三大營養素以及維生素 B_1。由於維生素 B_1 具備產生能量與維持神經機能等作用，因此足夠的維生素 B_1，確實能輔助改善疲勞與神經痛等問題。

然而，富含於糙米及豬肉當中的維生素 B_1，很容易在清洗或烹調的過程中流失，而且一次攝取過多時，又不容易被人體所吸收，因此武田才會在改良維生素 B_1 的缺點之後，開發出維生素 B_1 衍生物「呋喃硫胺」。相較於維生素 B_1 而言，「呋喃硫胺」更容易為人體所吸收，能針對肌肉與神經等全身組織及疲勞發揮作用。在合利他命全系列產品當中，都會添加維生素 B_1 衍生物「呋喃硫胺」。在感覺疲勞的時候，不妨利用合利他命這類的醫藥級維生素 B_1 來幫忙應對討人厭的疲勞與痠痛吧！

第 3 類医薬品

アリナミン EX プラス

容量/價格 ● 60 錠／2,180 円
　　　　　120 錠／4,080 円
　　　　　180 錠／5,980 円
　　　　　270 錠／7,980 円
用法用量 ● 一日服用次數：1 次

年齡	劑量
15 歲以上	1 次 2～3 錠
未滿 15 歲	不建議服用

合利他命系列當中，許多台灣人都認識的經典版本。對於長時間使用電腦或手機引起的眼睛疲勞、肌肉緊繃引起的肩膀疼痛，以及長時間坐著工作也會出現的腰痛問題，日本人都會選擇合利他命 EX PLUS。

眼睛、肩膀、腰感到疲勞時

第 3 類医薬品

アリナミン A

容量/價格 ● 60 錠／1,440 円
　　　　　120 錠／2,790 円
　　　　　180 錠／4,050 円
　　　　　270 錠／5,900 円
用法用量 ● 一日服用次數：1 次

年齡	劑量
15 歲以上	1 次 1～3 錠
11～14 歲	1 次 1～2 錠
7～10 歲	1 次 1 錠
未滿 7 歲	不建議服用

日常累積的疲勞，總是令人睡後醒還是覺得累，對於這種讓人全身無力的疲勞問題，日本人較偏好選擇基本款的合利他命 A。適應症也包含便祕，孕婦及哺乳中的婦女也能服用。在合利他命系列當中，合利他命 A 也是唯一適合 7 歲以上兒童也能攝取的類型。

對付全身無力、身體沈重的疲勞問題

第 3 類医薬品

アリナミン EX プラスα

容量/價格 ● 60 錠／2,580 円
　　　　　120 錠／4,580 円
　　　　　180 錠／6,580 円
用法用量 ● 一日服用次數：1 次

年齡	劑量
15 歲以上	1 次 2～3 錠
未滿 15 歲	不建議服用

合利他命錠劑系列中最新的成員，基本成分與合利他命 EX PLUS 相同，額外添加人體產生能量時所必須的維生素 B_2。日本人在疲勞感特別強烈時，會選擇合利他命 EX PLUS α。

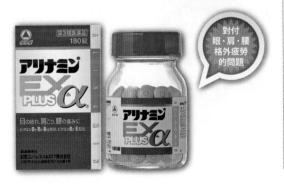

對付眼・肩・腰格外疲勞的問題

第 3 類医薬品

アリナミン EX ゴールド

容量/價格 ● 45 錠／3,000 円
　　　　　90 錠／5,000 円
用法用量 ● 一日服用次數：3 次

年齡	劑量
15 歲以上	1 次 1 錠
未滿 15 歲	不建議服用

合利他命系列中的頂級版本。添加天然型維生素 E，同時也採用高活性類型的維生素 B_6 與 B_{12}。其中，活化型 B_{12} 與維持神經機能有關，因此日本人在頸部僵硬不舒服時，就會選擇合利他命 EX GOLD。

對付眼・肩・腰・頸部僵硬的疲勞問題

維生素製劑 ✚

維生素 C 與人體健康的關係

　　在眾多維生素製劑當中，維生素 C 是許多人都認識，且最常攝取的類型之一。維生素 C 最廣為人知的效果，就是緩解黑斑及雀斑等作用。除此之外，還能促進膠原蛋白形成，用以幫助連結細胞，使血管壁更加強健，還能預防牙齦出血與流鼻血。無論是男女老幼，在健康及美容上，攝取維生素 C 都是相當重要的事。

　　其實絕大部分的哺乳類動物體內，都能自行合成維生素 C，但人類卻無法自行合成，只能透過食物攝取。基本上，現代人能經由飲食中攝取到維生素 C，但若是攝取量不夠充足，也可善用維生素製劑作為輔助。

不含鈉的小錠劑

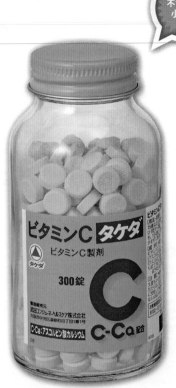

第 3 類医薬品

ビタミン C「タケダ」

容量／價格●100 錠／1,600 円
　　　　　300 錠／3,700 円
用法用量●一日服用次數：2 次

年齡	劑量
15 歲以上	1 次 1～3 錠
11～14 歲	1 次 1～2 錠
7～10 歲	1 次 1 錠
未滿 7 歲	不建議服用

7 歲以上就可服用的醫藥級維生素 C。以成人每日最高服用量 6 錠來計算，可輕鬆補充 2,000 毫克的維生素 C。採用抗壞血酸、抗壞血酸鈣以及維生素 B₂。因為不含鈉的關係，所以對於鹽分攝取有限制的日本民眾，通常會推薦選用武田維生素 C 這樣的產品。錠劑本身較小容易吞服，因此很適合放一罐在家中，讓全家大小一起補充生活中不足的維生素 C。

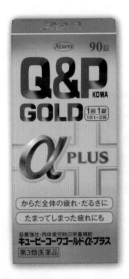

第 3 類医藥品

キューピーコーワ
ゴールドα - プラス

廠商名稱●興和
容量/價格● 30 錠／ 1,100 円
　　　　　 90 錠／ 2,400 円
　　　　　 160 錠／ 3,500 円
　　　　　 260 錠／ 5,000 円

添加 5 種維生素與 4 種滋養強壯中藥材，從產生能量及改善血液循環兩方面雙管齊下，可應對改善日常累積的疲勞。一天只需一錠，隨時皆可服用，非常適合忙碌的現代上班族。

第 2 類医藥品

キューピーコーワ
コシテクター

廠商名稱●興和
容量/價格● 60 錠／ 3,000 円
　　　　　 120 錠／ 5,000 円

除維生素 B 群與滋養強壯的中藥之外，還特別添加 ATP 促進血液循環成分。不只是肌肉疲痛、疲勞、關節痛、五十肩，就連難纏的腰痛問題也都照顧到了。

第 3 類医藥品

チョコラ BB プラス

廠商名稱●エーザイ
容量/價格● 180 錠／ 3,380 円
　　　　　 250 錠／ 4,480 円

強化維生素 B₂ 及 B₆ 添加劑量的維生素 B 群製劑，可發揮輔助活化肌膚細胞及維持黏膜健康。從產品特性看，較偏向美肌型的維生素 B 群。

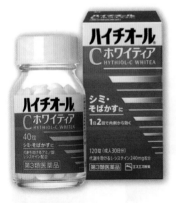

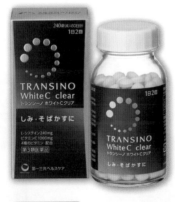

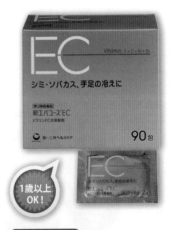

第 3 類医藥品

ハイチオール
C ホワイティア

廠商名稱●エスエス製
容量/價格● 40 錠／ 1,650 円
　　　　　 120 錠／ 4,500 円

SS 製藥美白錠系列當中，成分組成最為完整的頂級版。除 OTC 最高劑量的 L- 半胱胺酸之外，還添加維生素 C 以及高劑量的維生素 B₅，促進肌膚細胞代謝的正常化。

第 3 類医藥品

トランシーノ
ホワイト C クリア

廠商名稱●第一三共ヘルスケア
容量/價格● 60 錠／ 1,600 円
　　　　　 120 錠／ 2,600 円
　　　　　 240 錠／ 4,200 円

堪稱是日本美白錠的代名詞，主要美白成分 L- 半胱胺酸含量是 OTC 最高的 240 毫克，同時搭配 1,000 毫克的維生素 C。除此之外，針對循環、肌膚代謝及賦活作用，還添加維生素 B₂、B₃、B₆ 及 E 等多種維生素。

第 3 類医藥品

新エバユース EC

廠商名稱●第一三共ヘルスケア
容量/價格● 60 包／ 4,200 円
　　　　　 90 包／ 5,800 円

每天三包，就可以補充 2,000 毫克的維生素 C 及 300 毫克的維生素 E。不只針對肌膚狀態，也很適用於血液循環不良所引起的手腳冰涼問題。入口即化的顆粒粉末劑型，不需搭配開水也能服用。

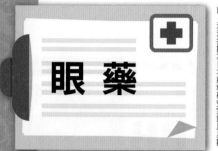

眼　藥

註：清涼指數為日本藥粧研究室評比星數，非各家廠商發表資訊。

清涼指數
★★★★★

第 2 類医薬品

サンテ FX ネオ

廠商名稱●參天製藥
容量／價格● 12mL ／ 880 円
提神醒腦的清涼感，是許多人對參天 FX 銀版眼藥水的第一印象。
搭配能促進代謝與改善眼睛疲勞、充血成分，是相當基本款的改
善疲勞型眼藥水，也是許多華人狂掃貨的重點眼藥之一。

清涼指數
★★★★★
＋

第 2 類医薬品

ロートジー プロ c

廠商名稱●ロート製薬
容量／價格● 12mL ／ 780 円
樂敦 ZI 眼藥系列走的是超清涼感路線的改善疲勞型眼藥。系列
中最頂級的金色 PRO 版本，搭配高濃度的輔助代謝及改善疲勞
成分，還搭配調節焦距機能成分，適合整天町著手機或電腦螢幕
的人使用。在 2020 年改版為亮眼的金色包裝。

清涼指數
★★★★★
＋

第 2 類医薬品

サンテ FX V プラス

廠商名稱●參天製藥
容量／價格● 12mL ／ 880 円
參天 FX 金版眼藥水與銀版眼藥水的成分幾乎相同，除了清涼度
更為提升之外，還額外添加能活化眼部組織代謝的維生素 B_6。
因此，在改善眼睛疲勞的效果上會比銀版更好。

清涼指數
★★★

第 2 類医薬品

新 V・ロート

廠商名稱●ロート製薬
容量／價格● 13mL ／ 750 円
誕生於 1964 年，幾經改良升級的樂敦製藥金字招牌。對於眼睛
疲勞、眼睛充血以及眼睛癢等不適感，都具有相當不錯的效果，
屬於基本款的日常保健眼藥水。

清涼指數
★★★

清涼指數
★★★

清涼指數
★

第 2 類医薬品

ロートリセ b

廠商名稱●ロート製薬
容量／價格●8mL／700 円
從包裝到眼藥水本身，都是夢幻的粉紅色，
在眾多女生化妝包裡，都會有一瓶的小花眼
藥水。主成分中的血管收縮劑，能讓眼白血
絲變少，而讓眼藥水呈現自然粉紅色的維生
素 B12，則具有改善焦距調節的功能。

第 2 類医薬品

スマイルホワイティエ

廠商名稱●ライオン
容量／價格●15mL／800 円
日本藥妝店當中，少數主打消除眼白血絲的
眼藥水之一。除血管收縮劑之外，較著重於
促進代謝及改善眼睛癢等發炎症狀。

第 3 類医薬品

ロートリセコンタクト w

廠商名稱●ロート製薬
容量／價格●8mL／700 円
小花眼藥水的隱形眼鏡專用版本。雖然沒有
小花眼藥水的去血絲功能，但添加多種角膜
保護成分及滋潤成分，可改善配戴隱形眼鏡
時特有的眼睛疲勞乾燥問題。

清涼指數
★★

清涼指數
★★

清涼指數
★★

第 3 類医薬品

ロート養潤水 α

廠商名稱●ロート製薬
容量／價格●13mL／880 円
在華人圈中的認知度還不算高，不過已經擁
有許多日本的愛用者。利用眼睛細胞於黑暗
狀態下，修復角膜效率更高的特性，開發出
這瓶主打只要睡前一滴，就能輔助修復眼睛
一整天所受到傷害的晚安眼藥水。

第 2 類医薬品

ロートデジアイ

廠商名稱●ロート製薬
容量／價格●13mL／880 円
現代人接觸 3C 時間長，容易造成用眼睛過
度疲勞與發炎。對於這樣的藍光傷害，藥妝
所推出的這款眼藥水，除焦距調節改善機能
外，還搭配高濃度活性型維生素 B2 來促進
眼部細胞修復。

第 3 類医薬品

御嶽目薬 EX

廠商名稱●日野製薬
容量／價格●15mL／1,000 円
市面上極少數採用來自中藥材抗發炎成分
的眼藥水。另外還搭配促進代謝、保護角
膜及改善疲勞等成分，較適合在眼睛發炎感
覺搔癢的時候使用。

清涼指數 ★★

第 3 類医薬品

ロート C キューブ プレミアム クリア

廠商名稱●ロート製薬
容量／價格●18mL ／ 750 円

C3 是樂敦製藥旗下的隱形眼鏡配戴時專用的眼藥水品牌。這瓶橘色的 CLEAR 版本，除了改善疲勞及保護成分之外，還添加具備修復機能的維生素 A，可應對配戴隱形眼鏡時眼睛組織受損的問題。

清涼指數 ★★★★

第 2 類医薬品

V ロートプレミアム

廠商名稱●ロート製薬
容量／價格●15mL ／ 1,500 円

樂敦 V 豪華系列三部曲之一，針對現代人用眼過度而長期累積疲勞的問題，首創添加 12 種有效成分，全面應對眼睛的疲勞問題。其中最關鍵的成分，是使用泛酸、天冬胺酸鹽及維生素 B_6 所組合而成的睫狀肌調節機能改善成分——PAB 配方。

清涼指數 ★★

第 2 類医薬品

V ロート アクティブ プレミアム

廠商名稱●ロート製薬
容量／價格●15mL ／ 1,500 円

樂敦 V 豪華系列三部曲之二。針對高齡者眼睛不易對焦、容易疲澀以及淚液分泌不足等問題所開發的抗齡眼藥水。尤其是老人家最困擾的淚液分泌問題，特別搭配高濃度維生素 A 以及硫酸軟骨素來穩定淚液的質與量。

清涼指數 ★

第 3 類医薬品

V ロート ドライアイ プレミアム

廠商名稱●ロート製薬
容量／價格●15mL ／ 1,500 円

樂敦 V 豪華系列三部曲之三。針對伴隨著疼痛感的眼乾症狀所開發，搭配能減輕眼球摩擦的保護成分，以及多種生成淚液所需的礦物質所研發而成，適合眼睛總是感到又乾又痛的族群。

清涼指數
★★★★

第 2 類医薬品

スマイル 40 プレミアム DX

廠商名稱●ライオン
容量／價格● 15mL ／ 1,500 円
獅王專為增齡或是過度用眼所引起的眼睛疲勞問題，開發出這款號稱能夠輔助恢復視覺機能的抗齡眼藥水。搭配 10 種改善疲勞及抗炎成分，最為獨特的配方就是濃度高達 5 萬單位的吸附型維生素 A，可幫助淚液不流失，且能發揮修復角膜的機能。

第 3 類医薬品

ロート こどもソフト

廠商名稱●ロート製薬
容量／價格● 8mL ／ 600 円
專為小朋友所研發的無涼感溫和眼藥水。包括因花粉或灰塵所引起的眼睛搔癢，以及小朋友游泳完後眼睛總是變紅的問題，都很適合。

第 2 類医薬品

ロート アルガード

廠商名稱●ロート製薬
容量／價格● 10mL ／ 930 円
添加抗發炎、止癢以及改善眼睛充血症狀的成分，對於眼睛單純發癢的過敏症狀，可以選擇這種成分相對單純的基本型抗敏眼藥水。即使清涼感偏強，但也不會太過於刺激。

清涼指數
★★★

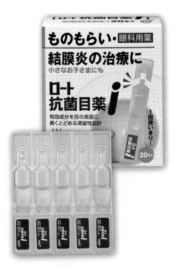

第 2 類医薬品

エージーアイズ アレルカット C

廠商名稱●第一三共ヘルスケア
容量／價格● 13mL ／ 1,580 円
針對花粉或過敏所引起的眼睛癢、眼睛紅腫及異物感等所開發的抗敏眼藥。添加兩種抗過敏成分，並搭配抗發炎及濕潤成分，能對過敏雙眼帶來不錯的舒緩作用，使用起來具有舒服的涼感。

第 2 類医薬品

ロート　抗菌目薬 i

廠商名稱●ロート製薬
容量／價格● 0.5mL×20 ／ 980 円
添加抗菌成分磺胺甲噁唑鈉以及兩種抗發炎成分，專為結膜炎及針眼所開發的抗菌眼藥水。單次就能用完的分條包裝，使用起來乾淨又方便。

第 3 類医薬品

新マイティア A

廠商名稱●千寿製薬
容量／價格● 15mL ／ 780 円
主成分是氯化鈉與氯化鉀，離子比例、酸鹼值和滲透壓都和人體淚液相近。再搭配能維持角膜機能的氯化鈣水合物以及能夠輔助代謝的葡萄糖，是一款配戴硬式、O₂ 高透氧隱形眼鏡或是裸眼時都可以使用的人工淚液。

止癢
外用藥

ウナコーワクールパンチ

廠商名稱●興和
容量／價格●30mL／580 円
　　　　　50mL／900 円

興和護那蚊蟲藥的加強升級版。不
只是清涼感加強許多，就連消除搔
癢感的局部麻醉劑含量也是水藍色
版本的 2 倍！獨特的刷頭設計，讓
你可以邊擦藥邊抓癢。

新ウナコーワクール

廠商名稱●興和
容量／價格●30mL／450 円
　　　　　55mL／700 円

台灣人再熟悉也不過的興和護那蚊蟲
藥。止癢成分加上局部麻醉成分，再搭
配那舒服的清涼感，隨手一擦，就可以
搞定蚊蟲叮咬後的搔癢感。

液体ムヒ S2a

廠商名稱●池田模範堂
容量／價格●50mL／780 円

無比止癢液添加兩種消炎止癢成分，其中包括能夠迅速應對紅腫
癢症狀的皮質類固醇的地塞米松。使用起來帶有強烈但舒服的清
涼感，可以讓人忘記那煩人的搔癢與不適。

液体ムヒアルファ EX

廠商名稱●池田模範堂
容量／價格●35mL／1,200 円

無比止癢液的強化版。最主要的止癢成分為安藥型類固醇 PVA，
可應對更為難纏的搔癢感。例如跳蚤、毛毛蟲或是水母咬傷及螫
傷所造成的搔癢發炎問題，都適合利用這瓶來解決。

第 3 類医薬品

キンカン ソフトかゆみどめ

廠商名稱●金冠堂
容量／價格●50mL ／ 600 円

蚊蟲藥老廠金冠堂專為小朋友開發的溫和配方，清涼感恰到好處，對於小朋友來說不會過於刺激。最重要的是，有巧虎的陪伴，就能讓小朋友不抓破皮膚，主動乖乖的擦藥。

©Benesse Corporation ／巧虎

第② 類医薬品

マキロンパッチエース

廠商名稱●第一三共ヘルスケア
容量／價格●24 片／ 500 円

添加消炎止癢與殺菌成分，專為大人設計，可防止無意識狀態下抓傷蚊蟲叮咬部位的止癢貼片。貼片本身為透明狀，就算穿短褲或裙子，也不怕被發現。

第 3 類医薬品

ムヒ S

廠商名稱●池田模範堂
容量／價格●18g ／ 550 円

無比止癢液版本未添加皮質類固醇，但同樣帶有相當舒服的清涼感，而且止癢效果也倍受肯定。擦在皮膚上容易推展且不黏膩，是許多日本人家中的常備藥。

第② 類医薬品

ムヒアルファ S II

廠商名稱●池田模範堂
容量／價格●15g ／ 880 円

抗組織胺止癢成分苯海拉明，含量比上一代提升 2 倍之多，針對小黑蚊或跳蚤叮咬所引起的難纏搔癢感，可瞬間發揮止癢力。除蚊蟲叮咬外，也適用於過敏性皮膚炎及濕疹所引起的搔癢不適。

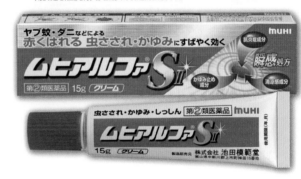

第 3 類医薬品

デリケアエムズ

廠商名稱●池田模範堂
容量／價格●15g ／ 950 円　35g ／ 1,600 円

專為男性私密處周圍，因為悶熱流汗引起的搔癢感所開發，是一款帶有強烈清涼感的止癢乳膏。除消炎止癢成分之外，也搭配殺菌成分，特別適合夏季時大腿內側等私密部位容易流汗起疹的男性。

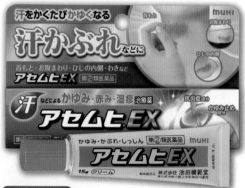

第②類医薬品

アセムヒ EX

廠商名稱●池田模範堂
容量／價格●15g／1,200 円

專為汗疹所開發的止癢消炎乳膏。除止癢乳膏常見的安藥型類固醇及抗組織胺成分之外，還另外搭配具有收斂作用，能預防汗水入侵患部而造成刺激的鞣酸（單寧酸）。適合夏季排汗量大，而容易有濕疹症狀的人。

第 3 類醫藥品

ユースキン
リカ A ソフト あせもクリーム

廠商名稱●ユースキン製薬
容量／價格●32g／780 円

添加消炎止癢、抗菌及促進血液循環成分，可一邊抑制細菌孳生，一邊針對汗疹皮膚炎的部位發揮作用。乳膏本身帶有不錯的保濕性，但塗抹起來清爽不黏膩，也不容易沾附到衣物上。

第 2 類醫藥品

メンソレータム ジンマート

廠商名稱●ロート製薬
容量／價格●15g／1,200 円

專為蕁麻疹所開發的止癢軟膏。對於說來就來且奇癢無比的蕁麻疹，特別添加 3 種止癢成分，並搭配抗發炎、收斂以及清涼成分。無類固醇配方，所以家中有蕁麻疹問題的小朋友也能安心使用。

第②類医薬品

メンソレータム
メディクイック H ゴールド

廠商名稱●ロート製薬
容量／價格●50mL／1,600 円

針對頭皮濕疹及搔癢等問題，添加高劑量的消炎成分，再搭配止癢、修復、殺菌及清涼成分所製成的頭皮濕疹藥水。海綿頭構造能輕鬆大範圍塗抹，適合頭皮濕疹部位較大者使用。

第②類医薬品

ムヒ HD

廠商名稱●池田模範堂
容量／價格●30mL／1,200 円

不管怎麼洗頭，頭皮還是癢個不停，那就代表可能有頭皮濕疹的問題。這罐專為頭皮濕疹所開發的藥水，添加消炎止癢、修復組織、殺菌以及清涼成分。將瓶嘴對準患部，就能精準地在該部位上擠出藥水，不怕藥水全都沾黏在頭髮上。

痘痘用藥

　　日本藥妝店裡銷售的痘痘藥種類繁多，而目前的主流配方大多是抗發炎成分 IPPN 搭配殺菌成分 IPMP，僅有少部分是採用 IPMP 搭配可軟化角質的硫磺。日本藥粧研究室特別為大家收集了幾款日本藥妝店常見的痘痘對策藥膏，並且列出各款藥膏的成分比例，提供大家作為下次挑選痘痘藥時的參考。

★ IPPN(Ibuprofen Piconol)
能抑制痤瘡桿菌形成白頭痘痘，並發揮抗發炎作用。

☆ IPMP(Isopropyl Methylphenol)
可針對造成痘痘惡化的痤瘡桿菌發揮殺菌作用。

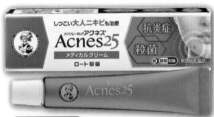

第 2 類医薬品

メンソレータム
アクネス 25 メディカルクリーム c

廠商名稱●ロート製薬
容量／價格●16g ／ 1,200 円
★ IPPN：3%　☆ IPMP：1%

第 2 類医薬品

イハダ アクネキュアクリーム

廠商名稱●資生堂薬品
容量／價格●16g ／ 800 円　26g ／ 1,100 円
★ IPPN：3%　☆ IPMP：0.3%

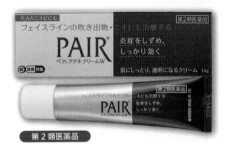

第 2 類医薬品

ペア アクネクリーム W

廠商名稱●ライオン
容量／價格●14g ／ 950 円　24g ／ 1,450 円
★ IPPN：3%　☆ IPMP：0.3%

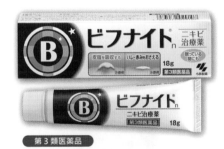

第 3 類医薬品

ビフナイト n　ニキビ治療薬

廠商名稱●小林製薬
容量／價格●18g ／ 1,100 円
☆ IPMP：1%　硫磺：3%　甘草酸：0.3%

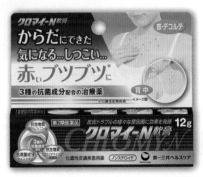

第 2 類医薬品

クロマイ -N 軟膏

廠商名稱●第一三共ヘルスケア
容量／價格●12g ／ 1,550 円
有些痘痘會長在胸口或背上，而且用一般痘痘藥膏還是治不好。小心！那可能是由真菌所引起的毛囊炎。這條添加抗真菌成分及抗生素的藥膏，就是專為這些毛囊炎問題所開發，也是目前日本唯一的抗真菌 OTC 軟膏。

第 3 類医薬品

ユースキン I

廠商名稱●ユースキン製薬
容量/價格● 65g / 1,000 円　110g / 1,400 円
適合冬季癢及乾燥搔癢時所使用的乳霜，搭配五種消炎止癢、抗菌
及促進血液循環成分。質地像是乳液般水感好推展，但保濕表現又
非常不錯，塗抹在已經抓傷的部位也不會產生刺痛感。

第 2 類医薬品

メンソレータム AD クリーム m

廠商名稱●ロート製薬
容量/價格● 145g / 1,450 円
許多台灣人家裡都會有的藍色小護士。三種止癢成分搭配濃密潤澤
質地，許多日本人都拿來對付冬季乾癢或是洗完澡後的乾癢問題。
過去有些台灣人將它當成保養用的身體乳霜，但其實藍色小護士是
皮膚藥，只能在有症狀的時候使用哦！

第 2 類医薬品

ヘパソフトプラス

廠商名稱●ロート製薬
容量/價格● 85g / 1,600 円
專為高齡者乾皮症或小朋友的乾燥肌問題所開發，搭配 2 種止癢成
分，以及能夠發揮輔助修復作用的類肝素物質和維生素 B_5。很適合
用於反覆抓傷，顯得又乾又硬的皮膚。

第 2 類医薬品

メンソレータム AD ボタニカル乳液

廠商名稱●ロート製薬
容量/價格● 130g / 1,550 円
兩種止癢成分搭配消炎與修復成分，整體的概念與藍色小護士相
近，適用於改善皮膚乾燥所引起的搔癢問題。較特別的地方，是添
加了薰衣草等三種植萃精油，使用起來帶有舒服香氛的微涼潤澤
感。乳液類型相對清爽，全年皆適用。

第 3 類医薬品

ケラチナミンコーワ
２０％尿素配合クリーム

廠商名稱●興和
容量/價格● 30g / 600 円　60g / 1,500 円　150g / 2,000 円
品牌誕生於 1982 年，可說是日本尿素藥膏的代名詞。尿素濃度高
達 20%，主要是利用尿素滲膚以及保水的作用，讓皮膚不會因為處
於乾燥而出現搔癢與粗糙等問題。特別適合工作需要經常碰水的人。

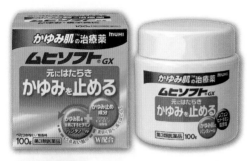

第 3 類医薬品

ムヒソフトＧＸ

廠商名稱●池田模範堂
容量／價格●60g ／ 880 円　100g ／ 1,180 円
　　　　　　150g ／ 1,450 円

消炎止癢成分搭配維生素成分的乾燥肌止癢乳膏。利用維生素 B5 活化肌膚新陳代謝，以及維生素 E 促進血液循環的雙重作用，輔助皮膚能夠恢復原有的防禦力。

第 3 類医薬品

クロキュア EX

廠商名稱●小林製薬
容量／價格●15g ／ 1,000 円

手肘及膝蓋這些部位，總是容易顯得乾燥粗糙，甚至看起來黑黑髒髒的！這條乳膏主要是利用尿素柔化粗糙老皮，同時利用 γ-穀維素幫助皮脂腺正常分泌，藉此提升粗糙部位的滋潤度。很適合在夏天來臨之前，處理一下自己的粗黑老皮。

第 2 類医薬品

さいき 治療ローション

廠商名稱●小林製薬
容量／價格●30g ／ 950 円　100g ／ 2,400 円

包裝看似保養品，但其實是用於改善肌膚乾荒，幫助皮膚回復保水力的 OTC 醫藥品。主要利用類肝素物質促進新陳代謝作用，讓紅腫乾裂的皮膚恢復防禦力，並透過修復及抗發炎成分來穩定肌膚狀態。由於是醫藥品的關係，因此不建議當成日常保養品長期使用。

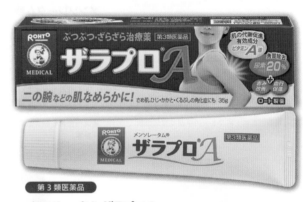

第 3 類医薬品

メンソレータム ザラプロ A

廠商名稱●ロート製薬
容量／價格●35g ／ 1,200 円

對於許多在夏季喜歡穿無袖衣物及短褲短裙的人來說，手臂與大腿上那些又紅又黑的小疙瘩實在不太美觀。這條添加高濃度尿素及維生素 A 的藥膏，具有軟化與代謝的效果，能改善皮膚的美觀問題。

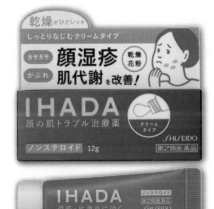

第 2 類医薬品

イハダ プリスクリード AA

廠商名稱●資生堂薬品
容量／價格●12g ／ 1,800 円

對於肌膚極度乾燥狀態下的臉部濕疹問題，資生堂薬品利用全新的乳化技術，將維生素 A 油、維生素 E 以及消炎成分包覆起來，製成滋潤滑順卻不黏膩的治療用乳膏。不含類固醇，所以連小朋友也能使用。

外傷用藥

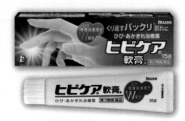

第 3 類医薬品

ヒビケア軟膏 a

廠商名稱●池田模範堂
容量／價格●15g ／ 1,400 円
35g ／ 2,100 円

對於手指反覆乾裂而疼痛不已的問題，池
田模範堂利用雙重修復成分，搭配促進循
環成分以及濃縮保濕的質地，開發出這條
超適合家庭主婦及主夫的手部乾裂治療軟
膏。

第 3 類医薬品

メンソレータム軟膏 c

廠商名稱●ロート製薬
容量／價格●12g ／ 380 円
35g ／ 680 円
75g ／ 900 円

自 1894 年誕生以來，已行銷全球 150 個
國家，許多人從小用到大的曼秀雷敦軟膏。
以凡士林作為基底，添加薄荷油與尤佳利
油所製成的軟膏，能覆蓋於皮膚表面，形
成減緩刺激的保護膜。可廣泛用於緩和搔
癢感與皮膚乾裂，是全家人都適用的家庭
常備藥。

第 2 類医薬品

トフメル A

廠商名稱●三宝製薬
容量／價格●15g ／ 880 円
40g ／ 1,500 円

在傷口表面厚敷一層之後，主成分氧化鋅
就會吸收傷口的分泌物，同時在傷口上方
形成保護膜，藉此加快傷口的治癒速度。
無論是燒燙傷或擦傷、刀傷、刺傷、裂傷
都能使用。

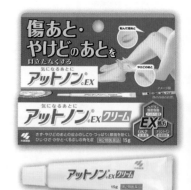

第 3 類医薬品

ムヒのきず液

廠商名稱●池田模範堂
容量／價格●75mL ／ 550 円

添加殺菌成分及組織修復成分的麵包超人
消毒液。使用起來沒有刺痛感，當小朋友
不小心跌倒擦傷或是抓傷、割傷時，如果
有麵包超人相伴，便不再害怕消毒傷口了！

©Takashi Yanase/Froebel-kan, TMS, NTV

第 3 類医薬品

マキロン s

廠商名稱●第一三共ヘルスケア
容量／價格●30mL ／ 380 円
75mL ／ 650 円

添加殺菌成分、組織修復成分以及抗組織胺
成分的消毒藥水。不但能有效消毒，還可降
低傷口癒合時的搔癢感。對於刀傷、擦傷、
割傷、抓傷或是穿鞋磨傷的傷口都適用。另
有 30mL 小容量的隨身瓶版本。

第 2 類医薬品

アットノン EX クリーム

廠商名稱●小林製薬
容量／價格●15g ／ 1,300 円

利用類肝素物質的輔助代謝作用，搭配尿
囊素的組織輔助修復作用所開發的除疤膏。
不論是一般擦傷或燒燙傷，只要在傷口癒
合後持續使用，就能漸漸感覺到疤痕的變
化。

液態 OK 繃

由於能夠保護傷口不受外界刺激，就算洗手或些微碰撞，也不會感覺劇烈疼痛，在日本早已存在數十年的液態 OK 繃，意外地在最近幾年翻紅，成為華人旅日必敗的重點醫藥品。目前日本藥妝店裡的液態 OK 繃種類不下 10 種，但成分與劑量皆大同小異，主成分都是能在傷口表面形成薄膜的硝化纖維素，而濃度也大多是 12% 左右，因此在選擇時，通常都是以自己習慣的品牌為主。另一方面，液態 OK 繃的使用方式，大多是直接擠出藥劑塗抹，但有些產品則會搭配刷頭或刮棒輔助塗抹。這些輔助工具，也是大家在選擇產品時的判斷重點。以下就列舉幾項藥妝店裡常見的液態 OK 繃品牌，同時也標示出各家的特色提供參考。

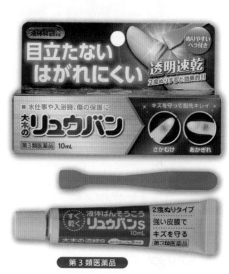

第 3 類医薬品

大木のリュウバン S

廠商名稱●大木製薬
容量／價格●10g ／ 880 円
搭配刮棒，方便仔細塗抹藥劑。

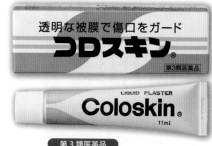

第 3 類医薬品

コロスキン

廠商名稱●東京甲子社
容量／價格●11g ／ 880 円
硝化纖維素濃度最高，將近 16%。

指定医薬部外品

メンソレータム
ヒビプロ 液体バンソウ膏

廠商名稱●ロート製薬
容量／價格●10g ／ 850 円
添加殺菌成分。

第 3 類医薬品

サカムケア

廠商名稱●小林製薬
容量／價格●10g ／ 850 円
搭配刷頭，能輕鬆塗抹藥劑。

口唇用藥

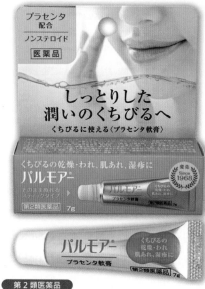

メンソレータム　メディカルリップ b

廠商名稱●ロート製薬
容量/價格●8.5g／980円

添加具備輔助修復作用的尿囊素，以及可促進皮膚新陳代謝的維
生素 B_6 等六種成分，適用於改善嘴角發炎或是嘴唇乾裂等症狀
的護唇罐。使用起來帶有舒服的清涼感。

第3類医薬品

ユースキン　リリップキュア

廠商名稱●ユースキン製薬
容量/價格●8.5g／1,100円

添加五種輔助修復與促進新陳代謝等有效成分，可應對雙唇乾燥
問題的護唇罐。採用甘油及凡士林作為基底，能發揮相當不錯的
潤澤保濕力。護唇膏本身的黃色，是來自於與悠斯晶相同的維生
素 B_2 。

第2類医薬品

パルモアー

廠商名稱●三宝製薬
容量/價格●7g／1,100円
　　　　　14g／1,900円

主成分為胎盤素以及能促進新陳代謝的維生素 B_6 ，除了用來修
復乾裂的嘴唇之外，也能用於改善主婦常有的富貴手，或是手
肘、膝蓋、腳跟等部位的皮膚乾硬問題，可說是功能性相當廣泛
的醫藥級護唇膏。

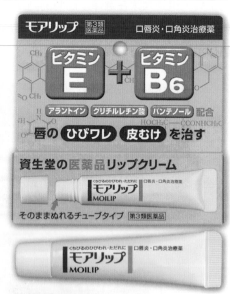

第3類医薬品

モアリップ

廠商名稱●資生堂薬品
容量/價格●8g／1,200円

搭配五種修復、抗發炎及促進新陳代謝的醫藥品成分，適用於嘴
角發炎及嘴唇乾裂。獨特的 W/O 油水平衡型乳膏製劑，能在
補充雙唇水分的同時，發揮防止水分蒸發的作用。

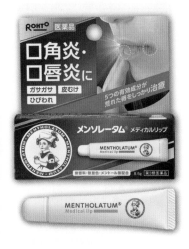

第 3 類医薬品

メンソレータム メディカルリップ nc

廠商名稱●ロート製薬
容量／價格●8.5g ／ 980 円
添加具備輔助修復作用的尿囊素，以及可促進皮膚新陳代謝的維生素 B₆ 等五種成分，適用於改善嘴唇發炎或是嘴唇乾裂等症狀的護唇膏。未添加薄荷成分，適合不喜歡清涼感的人使用。

第 3 類医薬品

三宝はぐきみがき

廠商名稱●三宝製薬
容量／價格●60g ／ 680 円
125g ／ 1,100 円
180g ／ 1,400 円
牙周病及牙齦炎適用的醫藥級牙膏。氯化鈉濃度高達 30%，並且搭配局部麻醉劑，可同時促進牙齦血液循環，並發揮收斂及抗發炎等作用。使用起來帶有明顯的鹹味，但不會造成身體攝取過多鹽分，而極為細緻的鹽粒也不會磨傷牙齦。

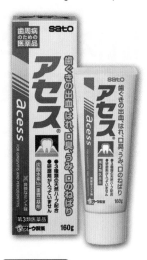

第 3 類医薬品

アセス

廠商名稱●佐藤製薬
容量／價格●60g ／ 900 円
120g ／ 1,560 円
160g ／ 1,840 円
來自日本第一條採用天然草本成分所開發的牙病病用藥系列牙膏。採用洋甘菊、刺毬果以及沒藥三種草本成分，可針對口腔內的厭氧菌發揮作用，適用於改善牙齦出血及腫脹等問題。

第 3 類医薬品

デントヘルス R

廠商名稱●ライオン
容量／價格●10g ／ 650 円
20g ／ 1,100 円
40g ／ 1,900 円
添加殺菌、抗發炎、收斂及修復等四種成分，可直接塗抹於牙齦等口腔內患部的治療軟膏。軟膏本身帶有舒服的清涼感，且能夠確實附著於患部，不易被口水沖掉。

第 3 類医薬品

口内炎パッチ大正 A

廠商名稱●大正製薬
容量／價格●10 片／ 1,200 円
20 片／ 1,800 円
台灣人再也熟悉不過的口內炎貼片。採用非類固醇配方，利用紫草根萃取物與甘草酸等中藥成分，對患部發揮抗發炎作用。貼片本身不會溶解，一段時間之後就會自然掉落，所以使用過程中也不建議用力撕下貼片。

第②類医薬品

トラフル ダイレクト a

廠商名稱●第一三共ヘルスケア
容量／價格●12 片／ 1,200 円
24 片／ 1,800 円
主成分為類固醇消炎成分的口內炎貼片。貼片本身為薄膜劑型，貼在口腔內部相對不明顯，而且會在釋放藥效成分的過程中慢慢溶解，使用後不需撕除或從口腔中取出貼片。

肌肉痠痛用藥
【貼片型】

第 2 類医薬品

バンテリンコーワ パット EX

廠商名稱●興和
容量/價格●7 片／1,000 円
　　　　　14 片／1,600 円
　　　　　21 片／2,000 円
　　　　　35 片／3,000 円
　　　　　56 片／4,100 円
主成分為濃度 1% 的非類固醇消炎止痛成分「吲哚美辛」，搭配山金車酊及薄荷醇的加強版疼痛貼布。獨特的 TIAAS 製劑，膏體表面的凹凸構造能增加貼附肌膚的表面積，藉此發揮溫和卻不易脫落的貼附力。

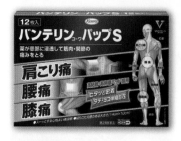

第 2 類医薬品

バンテリンコーワ パップ S

廠商名稱●興和
容量/價格●12 片／1,400 円
　　　　　24 片／2,300 円
主成分為濃度 0.5% 的非類固醇消炎止痛成分「吲哚美辛」，貼起來帶有舒服涼感的水性貼布。貼布本身帶有伸縮性且裁切面積大，可完整包覆腰、肩以及膝部等大範圍疼痛部位。

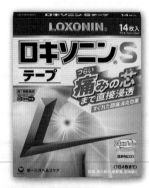

第 1 類医薬品

ロキソニン S テープ

廠商名稱●第一三共ヘルスケア
容量/價格●7 片／980 円
　　　　　14 片／1,580 円
主成分洛普芬鈉原本為處方用藥成分，近年下放為 OTC 醫藥品適用成分。因藥效較強，所以是少數列為第 1 級醫藥品的疼痛貼布。一天建議使用枚數為 4 片以內。未滿 15 歲不建議使用。

第 3 類医薬品

サロンパス A

廠商名稱●久光製藥
容量/價格●140 片／1,500 円
　　　　　240 片／2,470 円
主成分是具有消炎作用的水楊酸和促進血液循環的維他素 E。貼布本身為高分子吸收體，能夠吸收汗水，藉此抑制對皮膚所造成的刺激。貼布大小恰到好處，片數也相當多。

第 2 類医薬品

フェイタス ®Z α ジクサス ®

廠商名稱●久光製藥
容量/價格●7 片／1,000 円
　　　　　14 片／1,700 円
　　　　　21 片／2,400 円
主成分「雙氯芬酸」濃度為日本 OTC 醫藥品最高的 2%，再搭配 3.5% 的薄荷醇的雙重止痛配方貼布。貼布本身的伸縮性佳，適合用於肩膀疼痛部位，且藥效可維持約 24 小時。

第 3 類医薬品

ハリックス 55EX 冷感 A(藍)
ハリックス 55EX 温感 A(紅)

廠商名稱●ライオン
容量/價格●10 片／1,200 円
　　　　　20 片／2,000 円
水楊酸搭配甘草酸的雙重抗發炎貼布。藍色涼感配方較適合用在扭傷或肌肉拉傷等急性傷害。紅色溫感配方添加能促進血液循環的辣椒萃取物，較適合用於腰痛或肩膀僵硬等慢性疼痛問題。

第 2 類医薬品

サロメチールジクロ®

廠商名稱●佐藤製薬
容量/價格●7 片／930 円
14 片／1,600 円
21 片／2,280 円
在台灣稱為「擦勞滅」，其主成分「雙氯芬酸」濃度為 1%。貼布本身無論是縱向還是橫向，都有不錯的伸縮性，所以即使貼著也不會影響活動。一天只要貼一次，就可以發揮 24 小時的藥效。

第 3 類医薬品

奥田家下呂膏

廠商名稱●奥田又右衛門膏本舖
容量/價格●10 片／1,300 円
20 片／2,500 円
在日本擁有百年歷史，愛用者遍布日本全國的傳統疼痛貼布。主成分為黃柏萃取物以及楊梅皮等消炎成分，不少長年的愛用者，都是用來改善腰膝等部位的神經痛與關節痛等慢性疼痛。

第 3 類医薬品

鎮痛消炎ミニ温膏 A

廠商名稱●グラフィコ
容量/價格●32 片／880 円
搭配消炎止痛與促進循環成分，史上最可愛的疼痛貼布！貼布本身為粉紅色，而且還裁切成愛心、翅膀以及星星等造型，加上貼片本身帶有清爽怡人的花果香，對於 OL 來說簡直是必備神藥。

第 3 類医薬品

御嶽山百草湿布薬

廠商名稱●日野製薬
容量/價格●12 片／1,500 円
概念來自於百年胃腸藥「百草丸」，利用具備消炎作用的黃柏萃取物，搭配同樣具有消炎作用的山金車萃取物和水楊酸。貼布本身帶有相當舒服的清涼感。

第 3 類医薬品

ロイヒつぼ膏

廠商名稱●ニチバン
容量/價格●156 片／1,200 円
直徑 2.8 公分的圓形裁切，可沿著疼痛部位或穴道精準貼附，是許多外國觀光客赴日必掃的疼痛貼布。消炎成分水楊酸搭配薄荷醇，使用時帶有相當明顯的溫感。建議在洗澡的 30 ～ 60 分鐘前撕除，否則熱水沖洗貼布貼過的部位，就會產生刺激感。

第 2 類医薬品

バンテリンコーワ 液α

廠商名稱●興和
容量/價格●45g／1,500 円
90g／2,500 円
專為肌肉與關節等部位的突發性疼痛所開發，添加吲哚美辛、山金車萃取物及薄荷醇等消炎止痛成分的疼痛藥水。可透過海綿頭大面積重複塗抹藥液，使用起來完全不沾手。薄荷醇濃度高達 6%，清涼止痛效果相當突出。

第 3 類医薬品

ニューアンメルツヨコヨコ A

廠商名稱●小林製薬
容量/價格●46mL／500 円
80mL／750 円
疼痛藥水界當中的基本長銷款，許多日本人甚至是華人旅客，都會放在家中做為常備藥品。主成分為具消炎止痛成分水楊酸，再搭配促進血液循環成分，藥水本身沒有太重的氣味。

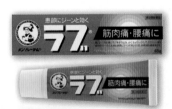

第 3 類医薬品

メンソレータムのラブ

廠商名稱●ロート製薬
容量/價格●65g／880 円
很多人都不知道曼秀雷敦也有推出疼痛乳膏，但其實這條紅色乳膏，在日本是相當普遍的家庭常備藥。主成分是水楊酸、薄荷醇及尤加利油，適合針對慢性疼痛部位，以按摩的方式慢慢塗抹。

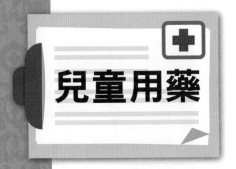

兒童用藥

MUHI 麵包超人
感冒糖漿系列

　　為了幫小朋友的身心充電，同時給予感冒的孩子勇氣，以皮膚用藥起家的 MUHI，在跨足兒童感冒用藥時，特別與麵包超人合作，推出綜合感冒、鼻炎以及咳嗽糖漿。

3個月〜
未滿7歲

第②類医薬品

ムヒのこどもかぜシロップ

廠商名稱●池田模範堂
容量／價格●120mL ／ 1,200 円
添加退燒止痛、抗過敏、止咳及支氣管擴張成分，適用於小朋友同時出現多種感冒症狀的時候。有紅色草莓及粉紅色水蜜桃兩種口味可供選擇。

Sa：草莓口味　　　　　　　　Pa：桃子口味

第②類医薬品

ムヒのこどもせきどめシロップ Sa

廠商名稱●池田模範堂
容量／價格●120mL ／ 1,200 円
草莓口味的止咳糖漿。針對小朋友難纏的咳嗽症狀，添加 6 種止咳祛痰配方，其中三種來自中藥成分，是一款結合東西方醫學概念的止咳藥。

3個月〜
未滿8歲

第②類医薬品

ムヒのこども鼻炎シロップ S

廠商名稱●池田模範堂
容量／價格●120mL ／ 1,200 円
草莓口味的鼻炎糖漿。針對現代小朋友常出現的過敏性鼻炎或感冒的急性鼻炎症狀所開發，不含咖啡因，所以服用後不會影響睡眠。

3個月〜
未滿7歲

宇津兒童
感冒顆粒系列

專精小兒醫療照護，擁有 400 多年歷史的宇津救命丸旗下，專為小朋友所開發的感冒顆粒系列。400 多年的中藥研究，融合常見的西醫緩和成分，是這款兒童感冒系列的最大特色。顆粒劑型溶解速度快且容易服用。口味變化多，每一種都相當符合小朋友的喜好，而且分包設計方便攜帶。

第②類医薬品

宇津こどもかぜ薬 A II

廠商名稱●宇津救命丸
容量／價格● 12 包／ 980 円
除 4 種具備退燒止痛、抗過敏、止咳作用的西藥成分之外，還搭配中藥當中用於改善咳嗽、痰液以及喉嚨紅腫問題的桔梗粉末。口味是香甜的綜合水果味。

第②類医薬品

宇津こどもせきどめ

廠商名稱●宇津救命丸
容量／價格● 12 包／ 980 円
以三種具備抑制咳嗽中樞、支氣管擴張與止咳作用的西藥，搭配桔梗末及甘草末這兩種有助於止咳、祛痰以及緩和喉嚨紅腫的中藥成分。口味是清新的蘇打汽水味。

第 2 類医薬品

宇津こども鼻炎顆粒

廠商名稱●宇津救命丸
容量／價格● 12 包／ 980 円
兩種改善過敏症狀及鼻塞症狀的西藥成分，搭配萃取自中藥，經常用於緩解鼻子或喉嚨發炎症狀的甘草酸二鉀。口味是微酸帶甜的葡萄口味。

宇津こども整腸薬 TP

廠商名稱●宇津救命丸
容量／價格●60g ／ 980 円

日本 OTC 醫藥品當中，唯一專為小朋友所開發的整
腸藥。獨家的乳酸菌、糖化菌及酪酸菌組合，能分別
在腸道不同部位發揮作用，許多日本媽媽都拿來應對
小朋友的便祕、軟便與腸道健康問題。

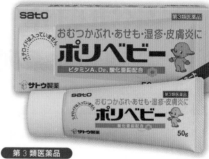

ポリベビー

廠商名稱●佐藤製薬
容量／價格●30g ／ 780 円　50g ／ 1,200 円

基底為植物油，搭配維生素 A、氧化鋅、維生素 D_2 及止癢成分，
專屬小朋友的多功能非類固醇皮膚藥膏。無論是尿布疹、汗疹、濕
疹、蚊蟲咬傷甚至是蕁麻疹都適用，可說是媽媽的好幫手。

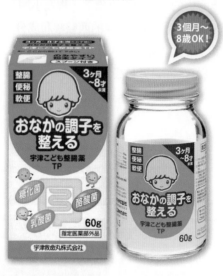

液体ムヒベビー

廠商名稱●池田模範堂
容量／價格●40mL ／ 980 円

止癢成分搭配幫助皮膚維持正常機能的維生素 B_5，
無酒精且無薄荷清涼成分的嬰幼兒專用溫和止癢液。
單手就可使用，而且完全不沾手，是許多台灣媽媽赴
日必買的兒童用藥之一。

ムヒパッチ A

廠商名稱●池田模範堂
容量／價格●38 片／ 500 円
　　　　　　76 片／ 850 円

添加止癢殺菌成分的蚊蟲貼片，可直接貼在蚊蟲叮咬部位發揮作
用，同時防止小朋友抓傷患部。貼片本身帶有微微的清涼感，而貼
片上則印有麵包超人的可愛頭像。

マキロン かゆみどめパッチ P

廠商名稱●第一三共ヘルスケア
容量／價格●48 片／ 550 円

添加四種消炎止癢與殺菌成分，上頭印有可愛皮卡丘圖樣的蚊蟲貼
片。獨特藥劑製法搭配排氣孔設計，使貼片能夠吸汗並促使汗水蒸
發，因此貼在皮膚上比較不易悶熱搔癢。

其他醫藥品

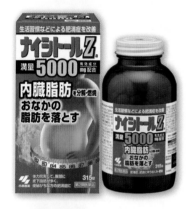

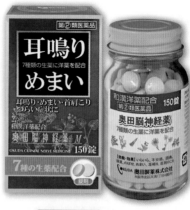

第 2 類医薬品

糖解錠

廠商名稱●摩耶堂製藥
容量/價格●170 錠／4,800 円
　　　　　370 錠／9,600 円

日本藥妝店當中，唯一一把糖尿病三個字印在包裝上的醫藥品。將中藥麥門冬飲子融合白虎加人蔘湯及四君子湯，號稱能對胰島素阻抗產生作用，是訴求相當特別的純中藥 OTC 醫藥品。

第②類医薬品

奥田脳神経薬 M

廠商名稱●奥田製藥
容量/價格●70 錠／2,458 円
　　　　　150 錠／4,743 円
　　　　　340 錠／9,000 円

奥田脳神經藥是日本的 OTC 醫藥品中，少見使用 7 種和漢生藥搭配 3 種西藥的鎮靜藥。上市至今已超過 60 年，是許多日本人拿來應對耳鳴、暈眩、焦慮等神經相關症狀的家庭常備藥。

第 2 類医薬品

ナイシトール Za

廠商名稱●小林製藥
容量/價格●105 錠／2,100 円
　　　　　315 錠／6,000 円
　　　　　420 錠／7,500 円

專為腹部周圍脂肪所推出的分解燃燒型醫藥品。成分是來自於中藥當中的「防風通聖散」，每天建議攝取量的濃度高達 5,000 毫克。因為成分當中含有大黃，因此也能對便祕發揮作用。

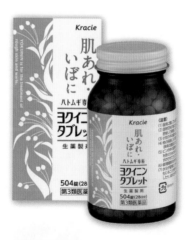

第 2 類医薬品

大木五臟圓

廠商名稱●大木製藥
容量/價格●750g ／ 15,000 円

根據中醫五臟健康理論所開發，擁有 360 年悠久歷史的滋養強壯藥物。成分包括人蔘、芍藥、桔梗、當歸、川芎、山藥、茯苓以及地黃等八種中藥，透過調理肝心脾肺腎等器官的方式，來輔助提升健康狀態。

第 3 類医薬品

ヨクイニンタブレット

廠商名稱●クラシエ藥品
容量/價格●504 錠／ 3,700 円

來自藥品品牌的薏仁錠，每日建議攝取量當中，含有濃度高達 19,500 毫克的薏仁萃取物。透過薏仁促進肌膚新陳代謝的原理，可用於改善頸部等身體上的扁平疣或是肌膚乾荒的困擾。

第 2 類医薬品

コムレケアゼリー

廠商名稱●小林製藥
容量/價格●4 包／ 1,000 円

主成分是中藥處方當中的「芍藥甘草湯」，對於肌肉痙攣能夠發揮緩解作用。打開就能直接服用的果凍劑型，即使是在沒有水的情況下也能服用。適合跑馬拉松或睡覺時雙腿容易抽筋的人。

女 性 用 藥

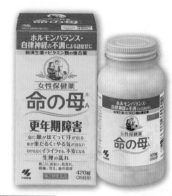

エルペインコーワ

廠商名稱●興和
容量/價格●12 錠／980 円
日本唯一的生理痛專用止痛藥。除常見的止痛成分布洛芬之外，溴化丁基東莨菪鹼 (Scopolamine Butylbromide) 能發揮抑制子宮或腸道過度收縮，藉此改善生理痛的困擾。對於沒有生理痛問題的男性而言，並不適合服用此藥物。

女性保健藥 命の母 A

廠商名稱●小林製藥
容量/價格●252 錠／1,800 円
　　　　　 420 錠／2,600 円
　　　　　 840 錠／4,700 円
13 種中藥成分搭配維生素及鈣質，專為女性所開發的保健藥品。主要原理是透過溫熱身體的方式，應對女性荷爾蒙及自律神經失調所引起的不適症狀，特別適合有更年期障礙的婦女。

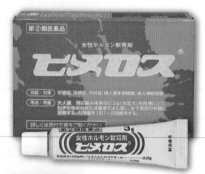

ヒメロス

廠商名稱●大東製藥工業
容量/價格●3g／3,500 円
在日本登記的適應症包括婦女更年期障礙及不孕症等症狀的女性荷爾蒙藥劑。主成分為 0.02% 的炔雌醇以及 0.06% 的雌二醇。質地為低刺激性的軟膏，可直接塗抹於陰道等黏膜部位，以提升藥劑的吸收效率。

バストミン

廠商名稱●大東製藥工業
容量/價格●4g／3,600 円
主成分為 0.02% 的炔雌醇以及 0.06% 的雌二醇的女性荷爾蒙藥劑，在日本登記的適應症包括婦女更年期障礙及不孕症等症狀。劑型是較方便塗抹且不黏膩的乳膏狀，但因為帶有些微的刺激性，因此只適合塗抹於外陰部或是手、腳、腰等部位的皮膚上。

男 性 用 藥

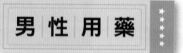

グローミン

廠商名稱●大東製藥工業
容量/價格●10g／3,780 円
主成分是濃度 1% 的睪固酮，是專為男性賀爾蒙不足或是勃起障礙所開發的男性賀爾蒙藥膏。建議以按摩的方式，塗抹於陰囊或是腹部肌膚表皮。雖然是 OTC 醫藥品，但日本約有 480 間醫療院所亦有販售。

生髮液的戰國時代來臨

相較於歐美國家,亞洲因為男性賀爾蒙所引起的掉髮、禿髮問題雖然相對較少,但日本卻有著不少的生髮產品。目前日本可標榜為生髮液(發毛劑)的第一類医藥品不下10種,而絕大多數的成分為米諾地爾(Minoxidil)。

米諾地爾原本是用於治療心血管疾患的血管擴張劑,後來發現它有造成患者毛髮旺盛的副作用,所以後來成為生髮液的主要成分。日本目前最為主流的米諾地爾製劑濃度為5%,各產品之間的差異性並不大,通常在於容器設計以及搭配藥劑的附加成分。因此,日本大部分消費者在選擇時,通常是以品牌及容器使用感作為評估重點。

第 1 類医藥品

リアップ X5 プラスネオ

廠商名稱●大正製藥
容量/價格●60mL/7,048 円
日本最早取得米諾地爾製劑銷售權的品牌。添加三種附加成分,可抑制頭皮過度分泌皮脂,同時促進頭皮新陳代謝。使用時帶有些許清涼感。

第 1 類医藥品

スカルプ D メディカルミノキ 5

廠商名稱●アンファー
容量/價格●60mL/7,091 円
重視頭皮健康度的育毛型洗潤髮系列,紅遍日本海內外,在日本還擁有醫院所的專業品牌。因為格外重視頭皮乾燥問題,所以添加兩種吸濕保水的保濕劑。

第 1 類医藥品

リザレックコーワ

廠商名稱●興和
容量/價格●60mL/5,000 円
因護那比擴液而廣受台灣人熟知的 KOWA 所推出,添加兩種保濕成分,可讓頭皮維持滋潤狀態。容器前端獨特的小壓頭設計,能夠小範圍精準針對特定部位塗抹藥液。

第 1 類医藥品

リグロ EX5

廠商名稱●ロート製藥
容量/價格●60mL/7,000 円
日本藥妝大廠樂敦製藥所推出。額外添加獨家研發的「酒石酸」,可針對因增齡而日漸衰退的生髮力發揮輔助作用。質地水感清爽,相對適合不喜歡黏膩感的人使用。

15歳以上
OK！

第②類医薬品

アネロン「ニスキャップ」

廠商名稱●エスエス製薬
容量／價格●6粒／1,000円
　　　　　　9粒／1,400円
1天只需服用1次的止暈藥。除了4種針對自律神經與平衡
感覺發揮作用的成分之外，還特別添加能對胃黏膜發揮作用
的局部麻醉成分，是一款強化應對噁心感的止暈藥。

5歳以上
OK！

第2類医薬品

マイトラベル錠

廠商名稱●エスエス製薬
容量／價格●15錠／743円
添加兩種能針對自律神經與平衡感發揮作用的成分，5歲以
上即可服用，屬於全家都適用的止暈藥。

15歳以上
OK！

第2類医薬品

トリブラプレミアム錠

廠商名稱●大木製薬
容量／價格●6粒／1,200円
1天只需服用1次的止暈藥。配搭抑制眩暈及噁心感作用的
抗組織胺及抗膽鹼成分，其添加量為OTC醫藥品規定的最
高劑量。

医薬部外品

普導丸

廠商名稱●日野製薬
容量／價格●20粒×24包／2,200円
利用7種中藥調合而成，再利用銀箔包覆的小藥丸，是許多
日本人拿來應對眩暈及噁心感的家庭常備藥。因此也能用以
緩和暈車時的不適感。

健康輔助食品

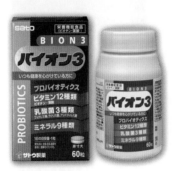

バイオン 3

廠商名稱●佐藤製藥
容量／價格●30 粒（30 天份）／ 2,381 円
　　　　　　60 粒（60 天份）／ 4,286 円
利用獨特的三層製法，將 12 種維生素、3
種乳酸菌以及 9 種礦物質濃縮在一顆小小的
錠劑當中，適合忙碌又想輕鬆補充多種營養
素的人。

DHC
ビタミン C（ハードカプセル）

廠商名稱● DHC
容量／價格● 60 粒（30 天份）／ 250 円
　　　　　　180 粒（90 天份）／ 629 円
每一粒硬膠囊當中所含的維生素 C，相當於
33 顆檸檬的份量。每天只需兩粒，就可補
充 1000 毫克的維生素 C 以及 2 毫克的維
生素 B_2。

DHC
ビタミン D

廠商名稱● DHC
容量／價格● 30 錠（30 天份）／ 286 円
維生素 D 不只能夠提升骨骼健康，對於提升
免疫以及調節血壓等眾多人體健康機能都有
幫助。一天 1 錠，就能輕鬆攝取到 25 微克
的維生素 D_3。

DHC
コラーゲン

廠商名稱● DHC
容量／價格● 180 粒（30 天份）／ 753 円
　　　　　　540 粒（90 天份）／ 2,048 円
每日建議攝取 6 粒，就可補充 2,050 毫克
的魚膠原蛋白胜肽。適合想維持肌膚狀態，
又希望簡單不費事的人。

ザ・コラーゲン＜パウダー＞

廠商名稱●資生堂藥品
容量／價格● 126g ／ 2,000 円
每日建議攝取量的 6 克當中，就含有 5,000
毫克的膠原蛋白。另外還搭配可輔助膠原蛋
白生成的維生素 C，以及多種美容系的水果
萃取成分及玻尿酸。膠原蛋白粉本身無特殊
氣味，可添加在任何飲料或料理當中，都不
會影響食物風味。

1 カ月たっぷりうるおう
プラセンタ C ゼリー

廠商名稱●アース製藥
容量／價格● 10g×31 條／ 2,200 円
每一條果凍當中，除含有 4,200 毫克的胎盤
素之外，還含有膠原蛋白、彈力蛋白、蛋白
聚醣以及維生素 C 等多樣美容成分。好吃的
芒果口味，就像吃零嘴一樣順口。

DHC
はとむぎエキス

廠商名稱● DHC
容量/價格● 30 粒 (30 天份) ／ 600 円
添加濃縮 13 倍的薏仁萃取物，只要 1
粒，就能攝取到 170 毫克的薏仁精華。
適合想提升肌膚清透度，或是經常感到
肌膚乾荒、冒小痘痘的人。

オルビス
ディフェンセラ

廠商名稱● ORBIS
容量/價格● 1.5g×30 條／ 3,200 円
目前日本唯一通過特保認證的美容型健
康輔助食品。主成分是來自米胚芽當中
的 DF-神經醯胺。經日本國家認證，能
減緩水分從肌膚蒸散。入口即化的柚子
口味顆粒劑型，不需搭配開水也能輕鬆
服用。

B.A タブレット

廠商名稱● POLA
容量/價格●60 粒 (30 天份) ／ 7,000 円
180 粒 (90 天份) ／ 18,000 円
主成分為 POLA 獨家原創的「Ch-A 萃取
物」，在華語圈人氣度極高，在百貨公
司或機場免稅店經常賣到斷貨的抗齡丸。
適合重視抗齡保養以及膚色偏黃且暗沉
的人。

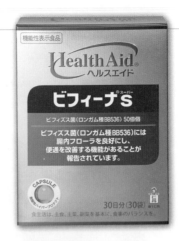

1 カ月キレイ＆たたかう
乳酸菌プラセンタ C ゼリー

廠商名稱●アース製藥
容量/價格● 10g×31 條／ 2,200 円
除胎盤素、膠原蛋白、彈力蛋白及維生
素 C 等美容成分之外，每條還有 100
億個護盾乳酸菌及膳食纖維，能同時兼
顧美容與健康。口味是清爽的乳酸菌飲
料風味。

ヘルスエイド
ビフィーナ S

廠商名稱●森下仁丹
容量/價格● 1.4g×30 袋／ 3,570 円
利用獨家三層耐酸晶球包覆技術，保護
90%主成分龍根菌 BB536 活著抵達腸
道，藉此改善腸道環境。入口即化的顆
粒搭配小體積晶球，就算不搭配開水也
能輕鬆吞服。

イージーファイバー

廠商名稱●小林製藥
容量/價格● 5.2g×30 條／ 800 円
小小一包，就能補充 4.2 克的膳食纖維。
不只溶解快速，而且無色無味。對於無
法在日常飲食中攝取到足夠膳食纖維的
人而言，可以說是相當方便的小幫手。

DHC
フォースコリー

廠商名稱● DHC
容量／價格● 120 粒／ 2,715 円
主成分毛喉鞘蕊花萃取物是在美國風行多年
的體脂肪對策成分，在日本則是由 DHC 發
揚光大。適合在意體脂肪，或是想提升運動
效率的人攝取。

ヘルシア
茶カテキンの力

廠商名稱●花王
容量／價格● 30 包／ 2,400 円
花王利用兒茶素提升人體脂代謝力的特
性，開發出這款能針對內臟脂肪發揮作用的
綠茶粉。不論是冷泡或熱飲，順口不苦澀的
口感，完全不輸茶葉所現泡的綠茶。一天建
議攝取 1 ～ 2 包。

ファットケア
スティックカフェ モカ・ブレンド

廠商名稱●大正製藥
容量／價格● 3.5g×30 包／ 2,800 円
專為腰間贅肉及體脂肪問題所開發的摩卡風
味咖啡粉。主要原理是運用咖啡豆甘露寡糖
包覆並排出脂肪的特性，藉此降低人體脂肪
吸收量。一天建議攝取 3 包。

DHC
主食ブロッカー

廠商名稱● DHC
容量／價格● 90 粒 (30 天份)／ 2,715 円
同時搭配白腎豆、五爪龍萃取物以及栗子多
酚，可針對日常攝取過多的醣質發揮作用。
特別適合喜歡吃飯、麵等主食的人，也適合
正在限醣卻又需要外食的人。

オルビス
スリムキープ

廠商名稱● ORBIS
容量／價格● 60 粒／ 1,300 円
　　　　　　120 粒／ 2,300 円
主成分中的毗黎勒果實萃取物具備抑制糖類與
脂肪吸收的作用，再搭配茶花、桑葉、芭樂葉
及杜仲葉等常見的阻斷系成分。對於減重忌口
中的人來說，算是不錯的小幫手。

なかったコトに!

廠商名稱●グラフィコ
容量／價格● 120 粒／ 1,400 円
在日本藥妝店當中已經熱銷許久的外食族
好幫手。搭配多重阻斷系成分，深受眾多愛
吃甜食的人所推崇。另外還有推出分包類
型，方便外食族隨身攜帶。

グルコケア
粉末スティック

廠商名稱●大正製藥
容量/價格●6g×30 包／2,800 円
主成分中的難消化麥芽糊精是一種
膳食纖維，可透過抑制醣類吸收的
方式，達到控制飯後血糖值的作用。
色香味都講究的綠茶粉，冷熱飲皆
宜，分包設計方便攜帶。

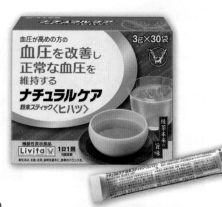

ナチュラルケア
粉末スティック〈ヒハツ〉

廠商名稱●大正製藥
容量/價格●3g×30 包／2,800 円
主成分是來自胡椒科胡椒屬的植物蓽
拔，內含高抗氧化能力的胡椒鹼。根據
日本研究發現，胡椒鹼能促使血管擴張，
藉此輔助人體維持正常血壓。搭配綠茶
口味的茶粉，每日建議攝取量為 1 包。

咖啡風味

黑豆茶風味

ヘルシア
クロロゲン酸の力

廠商名稱●花王
容量/價格●15 包／2,700 円
花王運用多年的綠原酸研究成
果，將具備血管擴張作用的綠
原酸，應用於輔助血壓管理的
飲品上。目前有咖啡風味及黑
豆茶風味，無論冷飲或熱飲，
都十分香醇順口。

ヘルシア
プロシアニジン
ポリフェノールの力

廠商名稱●花王
容量/價格●15 包／2,800 円
主成分是來自於松樹皮，具備高抗氧化作
用的前花青素。根據研究，該成分能防止
壞膽固醇在血管內氧化並堆積。這款花王
所推出的壞膽固醇對策茶飲，搭配的是香
味濃郁的東方美人茶風味。

Dear-Natura GOLD
EPA&DHA

廠商名稱●アサヒグループ食品
容量/價格●180 粒（30 天份）／2,200 円
　　　　　360 粒（60 天份）／3,900 円
從魚油當中萃取出高含量 EPA 及 DHA 的機
能性表示食品。適合不喜歡吃魚，或是日常
飲食中不易攝取魚類，但又有三酸甘油脂偏
高問題的人。1 天建議攝取 6 粒。

DHC
速攻ブルーベリー　V-MAX

廠商名稱● DHC
容量/價格●60 粒（30 天份）／2,250 円
同時採用藍莓萃取物、葉黃素以及蝦青素
這三種常見的抗氧化護眼成分。不只成分
濃度高，在溶解及發揮作用的效率上也提
升許多，相當適合老是盯著手機或電腦看
的現代人用來保養雙眼。

健康雜貨

潔淨皂香　　微甜果香　　柑橘清香

ビオレ u
泡ハンドソープ

廠商名稱●花王
容量／價格●250mL ／ 395 円
能保護雙手原有滋潤度的弱酸性洗手泡。搭配
正確的洗手方式，添加殺菌成分的濃密泡，可
將雙手髒污、細菌及病毒確實洗淨。就連容易
施力的大壓頭材質也有進行抗菌加工。

　　無香　　　　　柑橘清香

ビオレ u
キッチン ハンドジェルソープ

廠商名稱●花王
容量／價格●250mL ／ 460 円
專為廚房環境所開發的消毒殺菌凝膠。除
了能在下廚前確實清潔雙手之外，也能在
完成料理之後洗去魚肉的腥臭味。對於經
常下廚的人來說，是廚房裡相當方便的日
常用品。

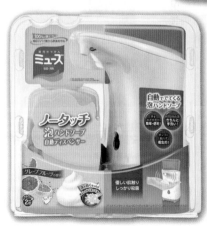

ミューズ
ノータッチ泡ハンドソープ

廠商名稱●レキットベンキーザー・ジャパン
容量／價格●250mL ／ 1,480 円
搭載紅外線感應裝置，將雙手靠近出皂口，機
器就會自動給皂。只要洗到泡泡變白，就可以
用水沖乾淨。不同香味的補充罐採共通使用設
計，可依照喜好更換香味類型。

キレイキレイ
薬用ハンドジェル

廠商名稱●ライオン
容量／價格●230mL ／ 560 円
添加奈米離子消毒成分，可針
對雙手進行殺菌的乾洗手凝
膠。低酒精配方，不僅使用時
沒有刺鼻味，對雙手肌膚的刺
激程度也較低。

三次元マスク

廠商名稱●興和
容量／價格●7 片／ 400 円
從原料產地到製造地都在日本的純日本製口罩。獨特的五層構造，包括銀離子抗菌過濾層，並且通過 PFE VFE BFE 試驗。口罩本身的服貼性相當好，配戴後眼鏡也不易起霧，耳掛緊帶極為柔軟，戴久了也不會覺得耳朵痛。

白色Ｍ尺寸　　白色Ｍ～Ｓ尺寸　　粉紅色Ｓ尺寸　　白色Ｓ尺寸

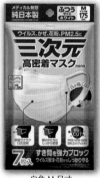

三次元
高密着マスク nano

廠商名稱●興和
容量／價格●7 片／ 500 円
從原料產地到製造地都是日本的純日本製口罩。搭配奈米纖維過濾層與帶電過濾層，強化阻隔縫隙效果，並且通過 PFE VFE BFE 試驗。口罩本身的服貼性相當好，耳掛鬆緊帶也極為柔軟，戴久了也不會覺得耳朵痛。

白色Ｍ尺寸　　白色Ｓ尺寸

指定医薬部外品

ビオレ u
手指の消毒液

廠商名稱●花王
容量／價格●30ml ／ 276 円
添加酒精成分，可隨時隨地地來潔淨雙手的消毒噴霧。體積小攜帶方便，噴於雙手之後只要搓揉約 15 秒即可。添加護手保濕成分，能減少酒精對手部肌膚的刺激傷害。

めぐりズム
蒸気でホットうるおうマスク
ラベンダーミントの香り

廠商名稱●花王
容量／價格●3 片／ 450 円
花王美舒律運用獨家發熱蒸氣技術，開發出能夠滋潤口鼻的蒸氣口罩。薰衣草薄荷香的 40 度蒸氣，可持續溫熱 15 分鐘。口罩本身具備過濾花粉及病毒的機能，因此溫熱感結束之後也能當一般口罩繼續使用。

のどぬ～る
ぬれマスク 就寝用プリーツタイプ

廠商名稱●小林製藥
容量／價格●3 組／ 400 円
睡覺時可保護喉嚨不受乾燥空氣影響的加濕口罩。只要將加濕棉片放在口罩最前端的加濕層當中，就能持續滋潤喉嚨長達 10 小時。適合在機艙內或飯店等乾燥的中央空調環境下使用。

ウイルス当番

廠商名稱●興和
利用二氧化氯的氧化作用，發揮空間除菌效果的居
家健康雜貨。適合放在客廳、寢室以及玄關等處，
以降低空間內的浮游微生物數量。

容量／價格●1 個月用 60g ／ 1,000 円

容量／價格●2 個月用 90g ／ 1,700 円

容量／價格●3 個月用 150g ／ 2,200 円

クレベリン
スティック ペンタイプ

廠商名稱●大幸藥品
容量／價格●1g×2 組／ 1,000 円
能像筆一樣插在胸前口袋，或是搭配掛
帶懸掛於胸前，容器中散發出來的二氧
化氯，就會發揮消除細菌與病毒的作
用。大約 2 星期需要更換一次。

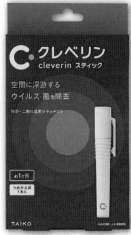

ウイルオフ
吊下げ 60

廠商名稱●大木製藥
容量／價格●20g×1 組／ 1,200 円
利用二氧化氯發揮消除環境中細菌
及病毒等浮游物的居家健康雜貨。
對於玄關沒有擺放空間的家庭來
說，可以選擇這種吊掛在門上的類
型。以 6 坪大的空間來說，大約每
60 天需要更換一次。

お熱とろーね

廠商名稱●池田模範堂
容量／價格●6 片／ 420 円
　　　　　　16 片／ 720 円
印有麵包超人的退熱貼。採
用服貼性佳的高分子凝膠，
適合好動的小朋友使用。冷
卻效果大約可持續 8 小時。
除發燒之外，夏季不小心中
暑時也可以使用。

©Takashi Yanase ／ Froebel-kan, TMS, NTV

熱さまシート

廠商名稱●小林製藥
容量／價格●6 片／ 420 円
　　　　　　16 片／ 720 円
添加涼感顆粒，可持續散發涼感
的退熱貼，相較於大人用版本而
言，薄荷的清涼感溫和許多。冷
卻效果大約可持續 8 小時。

イビキスト

廠商名稱●池田模範堂
容量／價格●25g ／ 1,500 円
專門用來對付枕邊人惱人打呼聲
的小幫手！添加三種精油成分及
維生素 E 的噴霧，能包覆口腔深
處表面，讓呼吸的氣流更加順
暢，進而改善打呼的情形。

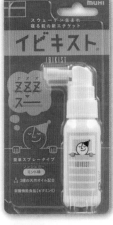

PART 6

日本人的化妝箱

臉部清潔
●卸妝●

RAFRA
バームオレンジ

廠商名稱●ラフラ・ジャパン
容量/價格●100g / 3,000 円

採用向日葵花油與柑橘油做為潔淨成分，使用時帶有舒服溫感的按摩膏。獨特的防止水分過度蒸發配方，適合邊泡澡邊當成按摩霜及泥膜使用。是日本美妝店中回購率相當高的一款卸妝品。

Dr.Ci:Labo
エンリッチリフト
クレンジングクレーム EX

廠商名稱●ドクターシーラボ
容量/價格●120g / 3,300 円

融合山茶花種子油、澳洲堅果油和摩洛哥堅果油等7種高潤澤及保濕效果的美容油作為基底的卸妝乳。除此之外，還搭配15種以上的緊緻、彈潤成分，可在卸除肌膚殘妝與髒污的同時，進行抗齡保養。

AYURA
メークオフオイル

廠商名稱●アユーラ
容量/價格●170mL / 3,000 円

一款兼顧溫和與潔淨力的卸妝油，連敏感肌也適用，並能幫助打造肌膚的抗壓性。獨特香氛是由香檸檬、甜橙及天竺葵等成分所調和而成，能在卸除臉部彩妝與髒污的同時，讓身心備感放鬆與舒服。

DHC
薬用
ディープクレンジングオイル (L)

廠商名稱● DHC
容量/價格● 200mL / 2,477 円

採用西班牙有機栽培橄欖油調製而成，上市以來熱銷7700萬瓶的經典卸妝油。質地滑順，可深入毛孔深處，不論是耐水抗油的彩妝或是毛孔髒污，都不需要過度搓揉也能迅速卸除乾淨。
（医薬部外品）

Prédia
ファンゴ W クレンズ

廠商名稱●コーセー
容量／價格● 150g / 2,500 円
　　　　　　 300g / 4,500 円

基底為天然礦物泥的卸妝霜，質地濃密卻
相當好推展，可以當成按摩霜使用。不僅
能卸除彩妝及臉部髒污，清潔毛孔及多餘
皮脂的效果更是有感！獨特清新的海洋花
香調，讓在家卸妝也能像做 SPA 一樣舒服。

B! FREE+
スクワランイン
オールインワンクレンジングジュレ

廠商名稱●アイケイ
容量／價格● 100g / 1,200 円

質地柔滑，使用時不會過度拉扯肌膚的
卸妝潔顏雙效凝凍。質感溫和且具備優
秀潔淨力，即使敏弱肌也能使用。精華
成分高達 97%，不須二重洗臉，且能在
潔淨臉部的同時，保持肌膚水潤不乾澀。

TRANSINO
薬用クリアクレンジング n

廠商名稱●第一三共ヘルスケア
容量／價格● 120g / 1,800 円

70%由保濕乳霜所組成，濃密的卸妝乳
在接觸肌膚後，會因為體溫而化為滑順
好推展的卸妝油。除了去除暗沉與保濕
成分之外，還搭配可穩定肌膚狀態的抗
發炎成分「甘草酸二鉀」。

Curél
ジェルメイク落とし

廠商名稱●花王
容量／價格● 130g / 1,000 円

專為乾燥敏感肌所設計的卸妝凝露，使
用時觸感極滑順不會拉扯肌膚。溫和不
刺激的配方，能確實卸除彩妝及髒污，
還能保護臉部肌膚在使用後不感覺乾
澀。（医薬部外品）

ORBIS
オルビス オフクリーム

廠商名稱●オルビス
容量／價格● 100g / 2,300 円

ORBIS 以科學研究角度發現：以每秒 5
公分的速度輕撫肌膚時，大腦會覺得最
為舒服，因此開發出這款較濃密但推展
起來卻相當滑順的卸妝霜。搭配保濕潤
澤配方與草本保濕成分，可在身心完全
放鬆的狀態下，為忙碌一天後的肌膚展
開保養重點第一步。

江原道
クレンジングシート

廠商名稱● 江原道
容量/價格● 10 枚 (67mL) / 648 円

江原道人氣經典卸妝水的系列款，
適合隨身攜帶或外出旅遊時使用的
卸妝紙巾。大尺寸偏厚的有機棉紙
巾，能在輕鬆卸除臉妝的同時，為
全臉進行 SPA 保濕保養。除了經典
紅色無香味款，2020 年春季還推
出藍色草本精油、黃色柑橘精油、
綠色森林浴精油以及紫色東方調精
油等 4 款限定版。不論男女，都能
找到自己喜歡的香味。

Bioré
パーフェクトオイル

廠商名稱● 花王
容量/價格● 230mL / 952 円

淋浴時手濕臉濕也能卸妝，就連抗汗耐
水的濃密睫毛膏也能輕鬆卸除的卸妝
油。不需要耗費太多時間，就可以快速
完成卸妝工作，適合下班回家沒力氣慢
慢卸妝的人。

softymo
スピーディ クレンジングオイル

廠商名稱● コーセーコスメポート
容量/價格● 230mL / 580 円

來自藥妝店卸妝熱銷品牌 softymo 的瞬效
卸妝油。具備乾濕兩用特性，即使雙手
沾滿水也可使用，還能快速將防水睫毛
膏卸除乾淨。用水沖淨後不留黏膩感，
不需要再多洗一次臉也沒關係。

Bifesta
クレンジングローション モイスト

廠商名稱● マンダム
容量/價格● 300mL / 1,000 円

不須搓洗就能輕鬆卸除濃妝，並搭配吸
附型玻尿酸及胺基酸等保濕成分的卸妝
水。具滋潤肌膚效果，在卸完妝的同時，
就能完成基礎保養，是一款從卸妝到化
妝水一氣呵成的產品。

臉部清潔
·洗臉·

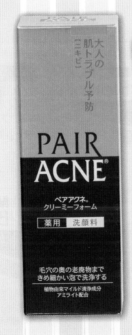

CLEANSING RESEARCH
ウォッシュクレンジング N

廠商名稱● BCL
容量/價格● 120g / 1,000 円

說到日本開架毛孔潔顏品牌，就不能不提到 BCL 這支 AHA 柔膚深層洗面乳。添加蘋果酸、木瓜與奇異果萃取物等角質柔化成分，可搭配柔ા按摩的方式，確實洗淨老廢角質，解決毛孔阻塞與痘痘等肌膚困擾。

雪肌粹
ホワイト洗顔 クリーム

廠商名稱●コーセー
容量/價格● 80g / 460 円

添加保濕成分薏仁萃取物，可輕鬆洗淨老廢角質，讓肌膚更具清透感的洗面乳。自上市以來，銷量早已突破 2,000 萬條，日本 7-11 及伊藤洋華堂獨家專賣，是台灣旅客到日本會大量掃貨的超人氣商品。

專科
パーフェクトホイップ u

廠商名稱●資生堂
容量/價格● 120g / 480 円

日本藥妝店熱賣到需要限定購買數量的超微米洗面乳。除了簡單就能搓出溫和濃密泡沫之外，採用獨特水解蠶絲萃取物及雙重玻尿酸，能強化洗淨臉部肌膚後的滋潤感。具溫和水潤感的花香調，讓人心情愉悅。

PAIR
アクネクリーミーフォーム

廠商名稱●ライオン
容量/價格● 80g / 1,200 円

源自日本藥妝迷再熟悉也不過的抗痘藥膏品牌，是專為痘痘肌所開發的溫和潔淨洗面乳。不只溫和保濕，更搭配殺菌及抗發炎成分，可針對臉上的痘痘問題發揮護理功能。(医薬部外品)

Bioré
マシュマロホイップ

廠商名稱●花王
容量/價格●150mL / 570 円

輕輕一壓，就可以擠出濃密
泡泡，是日本藥妝店最具代
表性的潔顏泡長壽商品。
2019 年改版後，泡泡變得更
加濃密且不易消失，同時也
更容易沖洗乾淨。全系列共
有 4 種類型，可依照肌膚狀
況加以選擇。

リッチモイスチャー
/強化滋潤型

薬用アクネケア
/痘痘護理型

モイスチャー
/溫和保濕型

オイルコントロール
/清爽控油型

MEN'S Bioré
泡タイプ洗顔

廠商名稱●花王
容量/價格●150mL / 427 円

針對男性膚質特性，強化潔
淨力的潔顏泡系列。泡泡本
身持久且富有彈力，除了一
般洗臉之外，也能當成刮鬍
泡使用。依照不同膚質狀況，
共有四種類型可供選擇。

一般・混和肌用

オイルクリア
/油性肌用

薬用アクネケア
/痘痘肌用

ディープモイスト
/乾燥肌用

Curél
泡洗顔料

廠商名稱 ● 花王
容量/價格 ● 150mL / 1,200 円

專為乾燥敏感肌所設計，泡沫極細緻且容易沖洗乾淨，無需過度搓洗，就能簡單潔淨臉部，而且洗後不會覺得乾燥緊繃。添加消炎成分，能安撫乾荒所造成的肌膚不穩定問題。(医薬部外品)

momopuri
うるおいジェリー洗顔

廠商名稱 ● BCL
容量/價格 ● 120g / 800 円

從包裝設計到香味，都充滿粉嫩感的彈潤蜜桃濃潤系列，在 2020 年春季所推出的新品之一，就是這款可愛到不行的無泡泡洗顔凝露。凝露當中，有許多愛心形狀的按摩彈潤凍，不只是潔顔凝露本身，就連洗後肌膚的觸感也相當 Q 彈喔！

スイサイ
ビューティクリア
パウダーウォッシュ N

廠商名稱 ● カネボウ化粧品
容量/價格 ● 0.4g×32 個/ 1,800 円

這款來自 Kanebo 的洗顔粉，是許多海外遊客到日本藥妝店必掃的熱門品項。在 2020 年春季這波改版中，除維持原有的雙酵素與胺基酸潔淨成分之外，更額外添加玻尿酸為基底強化保濕成分，讓洗後的肌膚顯得更加清透水潤。

毛穴撫子
重曹スクラブ洗顔

廠商名稱 ● 石澤研究所
容量/價格 ● 100g / 1,200 円

針對草莓鼻等毛孔問題所開發的去角質洗顔粉，當中的小蘇打不僅能夠洗去老廢角質與多餘皮脂，還能軟化造成毛孔粗大的乾燥角質。去角質微粒只要遇水就會變得圓滑，使用時並不會對肌膚造成過度摩擦。

毛穴撫子
男の子用
重曹スクラブ洗顔 N

廠商名稱 ● 石澤研究所
容量/價格 ● 100g / 1,200 円

毛穴撫子小蘇打洗顔粉的男性版本。除了原有的小蘇打及去角質微粒之外，更針對男性特有的油性膚質，額外添加酵素以強化清潔力。使用起來帶有舒服的清涼感，並且散發出清新的尤加利香味。

研究神經醯胺超過30年

乾燥性敏感型肌膚專業品牌
珂潤 Curél

　　許多人都曾反覆出現肌膚粗糙及乾燥的問題，甚至有些人就連髮絲碰觸到臉頰或眼皮，都會覺得刺激不舒服。其實這些肌膚問題，一般認為都是因為缺乏肌膚鎖水主要成分「神經醯胺」而導致。花王早在「乾燥性敏感肌」一詞出現之前，就發現了「乾燥性敏感型肌膚」與「神經醯胺缺乏」之間的關聯性。在花王展開研究工作的 1980 年代，天然的神經醯胺是相當昂貴的成分。因此，花王便著手研發與神經醯胺具有類似保濕效果的成分。

　　在突破許多技術障礙之下，終於在 1987 年以皮膚科學的角度，成功研發出獨家「潤浸保濕 Ceramide 成分」，並於投入研究 12 年之後的 1999 年，推出了乾燥敏感型肌膚專業品牌「Curél」。Curél 所含的潤浸保濕 Ceramide 成分，能保護皮膚中原有的神經醯胺不在洗淨過程中過度流失，同時還能發揮滋潤肌膚的效果。另外，因為系列中大部分的產品都添加有消炎成分，因此可發揮預防肌膚乾荒的作用。由於質地溫和，包括嬰兒在內的全家人都能使用。

キュレル
ディープモイスチャースプレー

容量/價格 ● 60g / 900 円　150g / 1,800 円　250g / 2,500 円

2020 年 4 月推出的保濕噴霧新品。只要輕輕按壓噴頭，就能利用細微化的潤浸保濕 Ceramide 成分來保養全身。除了臉部之外，也可以用於背部等不容易保養的部位。另外也推薦給沐浴後、男性刮鬍後以及小朋友使用。（医薬部外品）

キュレル
リップケアバーム

容量/價格 ● 4.2g / 1,200 円

質地相當濃密，可在雙唇表面形成潤澤膜的護唇罐。適合於睡前塗上一層，預防雙唇在睡眠期間因為環境乾燥而乾裂。（医薬部外品）

キュレル
リップケアクリーム

容量/價格 ● 4.2g / 850 円

潤浸保濕 Ceramide 成分搭配密封潤澤技術，可幫助雙唇守住滋潤度的護唇膏。除一般護唇之外，也能在上口紅前先塗上一層打底。（医薬部外品）

キュレル
リップケアクリーム
ほんのり色づくタイプ

容量/價格 ● 4.2g / 850 円

Curél 護唇膏的粉嫩潤色版。可透過潤色效果，修飾雙唇暗沉問題，讓唇色看起來更加紅潤健康。（医薬部外品）

キュレル
化粧水 II しっとり

容量/價格 ● 150mL / 1,800 円

壓頭噴嘴方便取用的化妝水，共分成 I 清爽型、II 清潤型以及 III 潤澤型等三種不同質地，可根據肌膚狀態或季節選擇。（医薬部外品）

キュレル
乳液

容量/價格 ● 120mL / 1,800 円

和化妝水一樣，採用使用方便的壓頭噴嘴設計。質地濃密且滋潤表現佳，滲透力也相當不錯，使用後不會出現討厭的黏膩感。（医薬部外品）

キュレル
潤浸保湿 フェイスクリーム

容量/價格 ● 40g / 2,300 円

被知名美妝網站封為殿堂級的保濕乳霜。質地濃密卻不厚重，可在肌膚表面形成一道舒服的潤澤膜，給予乾燥敏感肌膚所需的滋潤。（医薬部外品）

來自日本 360 年清酒老廠
跨足保養品界的人氣經典

菊正宗日本酒保養系列

　　近年來，日本保養品界吹起一股與「米」相關的自然保濕素材保養風潮，而使用「米」所釀成的日本酒保養品，也成為眾多美容達人的關注焦點。雖然市面上的日本酒相關保養品牌不少，但來自關西清酒老廠「菊正宗」的日本酒保養系列，則是因為實際有感的保養效果，成為各大美妝排行榜上的常勝軍，也是現今最具代表性的日本酒保養品牌之一。

　　創立於 1659 年的菊正宗，至今已有 361 年的歷史。在堅持古法釀造的菊正宗日本酒當中，含有數十種具有美肌作用的胺基酸。除來自日本酒的天然美肌素材之外，菊正宗日本酒保養系列還添加皮膚科醫師推崇的鎖水成分神經醯胺，這在單價低於 1,000 日圓的開架保養品當中，可說是相當少見的成分，這也為菊正宗日本酒保養系列的 CP 值大大加分！

　　除了這些保濕成分之外，菊正宗日本酒保養系列還同時搭配美白成分熊果素、胎盤素，以及具備消炎作用的甘草酸二鉀，堪稱是保養需求範圍涵蓋最廣的開架保養品之一。由於菊正宗日本酒化妝水及乳液都屬於大容量類型，所以將保濕效果高的化妝水拿來搭配化妝棉濕敷全臉，或是將清爽不黏膩的乳液拿來塗抹全身肌膚也不會覺得心疼。

菊正宗
日本酒の化粧水 高保湿
容量/價格 ● 500mL / 840 円

菊正宗
日本酒の乳液
容量/價格 ● 380mL / 840 円

臉部保養
·化妝水 乳液·

ELIXIR SUPERIEUR
リフトモイスト ローション T
リフトモイスト エマルジョン T

廠商名稱●資生堂
容量/價格●(水)170mL / 3,000 円
　　　　　(乳)130mL / 3,500 円

主打能為肌膚注入水潤感，讓雙頰飽滿緊緻，散發出健康水玉光的怡麗絲爾彈潤保濕水／保濕乳。除了系列共通的保濕成分膠原蛋白 Gl、肌醇 CP 複合成分以及美白成分 m-傳明酸之外，更增添 WTCS 水芹萃取物來發揮活化第三型膠原蛋白的機能，可藉此提升肌膚透亮的純淨感。

AYURA
クリアリファイナー センシティブ
バランシングプライマー センシティブ EX

廠商名稱●アユーラ
容量/價格●(調理露)200mL / 4,200 円
　　　　　(化妝液)100mL / 6,000 円

先使用敏感肌亦適用的角質調理露，溫和去除老廢角質後，再搭配針對敏弱肌膚所開發的美白化妝水，就可以簡單完成敏感肌所需的基礎保濕與美白保養。不只是敏感肌，亦適用於容易出現乾荒問題的不穩肌以及成人痘膚質。

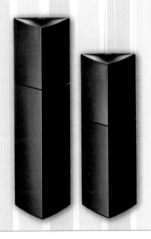

B.A
B.A ローション
B.A ミルク

廠商名稱● POLA
容量/價格●(水)120mL / 20,000 円
　　　　　(乳)80mL / 20,000 円

保養品業界中，最奢華的前三大抗齡保養系列之一。融合 POLA 多年的抗齡研究結晶，是極少數將「抗醣化」與「提升肌膚再生機制」作為主要保養訴求的單品。無論質地、香味及效果都有相當高的評價，難怪即使價格不斐，仍擁有大群忠誠粉絲。

SOFINA beauté
高保湿化粧水 しっとり
高保湿乳液 しっとり

廠商名稱●花王
容量/價格●(水)140mL / 2,700 円
　　　　　(乳)60g / 3,200 円

搭配獨家保濕成分「月下香培養精華 α」的保濕強化型系列。化妝水能提升角質層中角蛋白纖維的抓水力，使角質層變得柔嫩水潤。乳液則是提升肌膚的鎖水能力，關鍵在於添加了持續型神經醯胺調理成分，能讓角質層長時間水嫩保濕。

freeplus
モイストケアローション
モイストケアエマルジョン

廠商名稱●カネボウ化粧品
容量/價格●(水)130mL / 2,800 円
　　　　　(乳)100mL / 3,200 円

主要保濕成分取自於大棗、陳皮、桃仁、薏仁、甘草以及川芎等和漢植萃成分，可說是結合古人智慧的美肌配方。為提升敏感肌最缺乏的屏障機能，特別搭配了維生素菸鹼胺成分，以幫助減少外來刺激與水分流失，各有清爽與滋潤兩種質地可選擇。

Curél
化粧水 II しっとり
乳液

廠商名稱●花王
容量/價格●（水）150mL / 1,800 円
　　　　　（乳）120mL / 1,800 円

專為乾燥敏感肌設計，透過獨家研發的浸潤保濕 Ceramide 成分，能深入穿透角質層，提供肌膚屏障與滋潤，使肌膚不易受到外界刺激。化妝水有三種不同質地可供選擇，而且都搭配了能穩定肌膚狀態的消炎成分。（医薬部外品）

CARTÉ CLINITY
モイストローション
モイストエマルジョン

廠商名稱●コーセー
容量/價格●（水）140mL / 1,800 円
　　　　　（乳）100mL / 1,800 円

高絲專為乾荒肌膚所開發的低刺激保養系列。採用獨家黃金比例，調配出由膽固醇、神經醯胺、棕櫚酸以及亞麻油酸所組合而成的「美肌膽固醇 CP」，能輔助肌膚提升防禦力，逐步恢復健康狀態。（医薬部外品）

MINON AminoMoist
モイストチャージローション
モイストチャージミルク

廠商名稱●第一三共ヘルスケア
容量/價格●（水）150mL / 1,900 円
　　　　　（乳）100g / 2,000 円

透過胺基酸維持肌膚防禦力，並透過抗氧化及抗醣化的作用發揮提前抗齡的保養效果，同時是專為乾燥敏弱肌所開發的基礎保養系列。質地相當溫和清爽，卻能發揮優秀保濕力，乳液甚至被知名美妝網站譽為「殿堂級的夢幻逸品」。

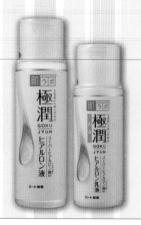

肌研
極潤 ヒアルロン液
極潤 ヒアルロン乳液

廠商名稱●ロート製薬
容量/價格●（水）170mL / 740 円
　　　　　（乳）140mL / 740 円

在日本，極潤儼然是玻尿酸保濕保養品的代表品牌。強調全家男女老少都適用的白色基本款，成分組合相當單純，是以黃金比例混合了玻尿酸、超級玻尿酸以及奈米玻尿酸等三種分子不同的補水保濕成分。

肌研
白潤 薬用美白化粧水
白潤 薬用美白乳液

廠商名稱●ロート製薬
容量/價格●（水）170mL / 740 円
　　　　　（乳）140mL / 740 円

肌研玻尿酸保養系列中最早推出的保濕美白雙效款。除保濕成分玻尿酸、奈米玻尿酸與維生素 C 衍生物之外，在美白成分方面，則是添加了高純度熊素，屬於一款質地清爽的美白基礎保養品。

肌研
極潤 α ハリ化粧水
極潤 α ハリ乳液

廠商名稱●ロート製薬
容量/價格●（水）170mL / 1,000 円
　　　　　（乳）140mL / 1,000 円

主打抗齡保養的紅色極潤 α，向來注重肌膚的緊緻度與彈力。除保濕成分 3D 玻尿酸與小分子膠原蛋白之外，主要抗齡成分則是樂敦旗下醫美品牌所技術共享的小分子彈力蛋白。在開架保養品當中，是成分較為出色的抗齡保養系列。

SK-Ⅱ
フェイシャル トリートメント エッセンス

廠商名稱● SK-Ⅱ
容量/價格● 160mL / 17,000 円

無論是在日本或華語圈，幾乎人人都認識這款化妝水。獨家研發的 PITERA™ 富含胺基酸、有機酸以及礦物質。這瓶 PITERA™ 濃度高達 90％的化妝水，不只能保濕，還涵蓋：潤澤、緊緻、彈力、亮膚以及抗齡等保養需求，可說是不分季節且不分年齡層都相當推薦的多機能化妝水。

DECORTÉ
リポソーム トリートメントリキッド

廠商名稱●コーセー
容量/價格● 170mL / 10,000 円

採用黛珂獨家研發的多重微脂囊體技術，輔助美肌成分快速滲透至角質層，能改善角質間缺乏水分與潤澤度等問題的頂級抗齡化妝水。質地清爽，但保濕力表現優秀，可讓肌膚持續處於滋潤狀態。

est
ザ ローション

廠商名稱●花王
容量/價格● 140mL / 6,000 円

採用來自嗜鹽性微生物，可對抗極端惡劣環境的高保水成分「Ectoine」。能提升肌膚儲水力，即使處於極度乾燥的環境下，肌膚也能維持水潤。質地本身帶有滑順但不黏膩的稠度，使用於肌膚上的觸感相當舒服。

雪肌精
薬用雪肌精

廠商名稱●コーセー
容量/價格● 360mL / 7,500 円
　　　　　　 200mL / 5,000 円

全球熱賣 35 年，辨識度與好感度破表的經典琉璃藍化妝水。採用多種東洋草本作為基底，能在保濕的同時提升肌膚清透感。質地清爽，香味清新，不論在任何季節，都很適合搭配化妝水濕敷全臉。(医薬部外品)

ALBION
薬用スキンコンディショナー エッセンシャル

廠商名稱●アルビオン
容量/價格● 330mL / 8,500 円

在華語圈愛用者也相當多的 ALBION 鎮店之寶。適用於任何年齡、任何膚質以及任何季節，可發揮保濕、舒緩、平衡與代謝等多重保養機能。優雅獨特、帶有懷舊氛圍的香氣，也是這款化妝水最令人印象深刻的記憶點。(医薬部外品)

REVITAL
レチノサイエンス ローションAA

廠商名稱●資生堂
容量/價格● 125mL / 8,000 円

這瓶寶藍色的莉薇特麗抗皺精露，帶有獨特舒適的滑順觸感，搭配優雅草本花香，是資生堂別具代表性的經典抗齡化妝水之一。當中除了保濕與潤澤成分之外，還含有許多包覆純維生素 A 的抗齡細微晶球膠囊，能對應肌膚乾燥所引起的小細紋困擾。(医薬部外品)

Dr.Ci:Labo
VC100 エッセンスローション EX

廠商名稱●ドクターシーラボ
容量/價格●150mL / 4,700 円

採用 100 倍滲透維生素 C（APPS）、
滲透發酵膠原蛋白以及富勒烯等 44 種
保濕抗齡成分，可針對毛孔、斑點、膚
紋以及彈力等肌膚狀態發揮作用，是一
款少見的多機能化妝水。

AYURA
リズムコンセントレートウォーター

廠商名稱●アユーラ
容量/價格●300mL / 4,000 円

號稱能溫和地讓肌膚放鬆，透過八種成分
來調理、潤澤及修復承受壓力的乾荒肌。
採用 AYURA 向來擅長的調香技術，利用
迷迭香與香檸檬等草本精油，調和出能讓
身心感到愉悅放鬆的東方調香氛，是一瓶
相當重視觸覺與嗅覺的保濕型化妝水。

LISSAGE
スキンメインテナイザー <M>

廠商名稱●カネボウ化粧品
容量/價格●180mL / 5,800 円

LISSAGE 是融合膠原蛋白研究結晶的保
濕品牌。旗下人氣度最高的產品，就
是這款化妝水及乳液雙效合一的化妝
液。搭配抗齡成分菸鹼醯胺及抗發炎
成分甘草酸二鉀，適用於抗齡及安撫
不穩肌。貼心方便的噴頭設計，只要
按壓一下，即為單次所需用量，共有
四種質地。(医薬部外品)

LISSAGE MEN
スキンメインテナイザー

廠商名稱●カネボウ化粧品
容量/價格●130mL / 3,000 円

LISSAGE 化妝液的男性版本。保養重
點鎖定於男性經常忽略的保濕效果，
同時捨棄男性保養品中常見的酒精，
改以清新脫俗的精油香氛加以調和。
就連瓶身也是委請設計大師佐藤可士
和操刀，讓這款保養品看起來就像是
件居家擺飾，共有兩種質地。

ONE BY KOSÉ
バランシングチューナー

廠商名稱●コーセー
容量/價格●120mL / 4,500 円

不論是成分或使用感，均媲美精華
液等級的一款化妝水。主成分是能
抑制皮脂過度分泌的「精米效能淬
取液 No.6」。即使質地清透，也
能發揮不錯的保濕效果，相當適合
肌膚容易出油的人使用。
(医薬部外品)

IPSA
ザ・タイム R　アクア

廠商名稱●イプサ
容量/價格●200mL / 4,000 円

這瓶充滿設計感的化妝水，是近年
來在華語圈人氣度直線飆升的一
款保濕化妝水。不只顏值高，其獨
家保濕成分 Aqua Presenter III 更能
在肌膚表面形成一道鎖水層，並持
續為角質層補充水分。質地清爽如
水，保濕補水力卻令人驚豔。
(医薬部外品)

do organic
エクストラクト ローション モイスト

廠商名稱●ジャパン・オーガニック
容量/價格●120mL / 3,800 円

日本國產有機化妝水，概念來自和食保
養，採用象徵日本飲食文化的玄米、黑
豆以及梅果等食材萃取物作為保濕成
分。質地略帶稠度，可發揮卓越保濕能
力，使用時還可以聞到舒服的草本香氛。

Prédia
スパ・エ・メール ブラン コンフォール

廠商名稱●コーセー
容量/價格●170mL / 3,600 円

以海洋深層水與溫泉水為基底，再搭配薏
仁萃取物，是一款可強化保濕及緊緻毛孔
保養的化妝水。由於成分中還包括甘草酸
二鉀及抑菌成分，所以也適用於乾荒的不
穩肌或痘痘肌。(医薬部外品)

ココエッグ
リンクルローション たまご化粧水

廠商名稱●アイケイ
容量/價格●500mL / 900 円

一款質地清爽的抗齡化妝水，主成分是
來自雞蛋的蛋殼內膜水解萃取物，能滲
透肌膚，保養出健康美麗的「雞蛋肌」。
建議搭配化妝棉濕敷全臉，可特別加強
眼角、嘴角等容易產生細紋的部位。

ORBIS
オルビスユー ローション

廠商名稱●オルビス
容量/價格●180mL / 2,700 円

近兩年在日本各大美妝榜奪獎無
數的人氣化妝水。質地就像濃密精
華般的化妝水，使用起來清爽好吸
收，卻能深入肌膚，給予滿滿的滋
潤感，讓肌膚由內而散發活力，
使雙頰顯得更有彈力明亮。

毛穴撫子
男の子用 ひきしめ化粧水

廠商名稱●石澤研究所
容量/價格●300mL / 1,200 円

針對男性外油內乾的獨特膚質所開
發的收斂化妝水。不僅可以在洗完
臉後用來補充滋潤度，還能針對粗
大毛孔發揮收斂作用，甚至在刮鬍
子之後，還可以當成鬍後水使用。
洗完臉後只需要這一瓶，就可以完
成所有的保養程序。

Pure Natural
エッセンスローション ライト

廠商名稱● pdc
容量/價格●210mL / 800 円

在日本熱賣 11 年，化妝水與乳液
雙效合一的產品。洗完臉後只要這
一瓶，就能搞定基本的保養程序。
獨特滲透保濕配方，在化妝水帶著
滋潤成分滲透至角質層之後，乳液
就會在肌膚表面形成保護層，將滋
潤全都包覆在裡頭。

臉部保養
·乳霜·

SK-Ⅱ
R.N.A. パワー
ラディカル ニュー エイジ
エアリー ミルキー ローション

廠商名稱● SK-Ⅱ
容量/價格●50g / 11,500 円

質地輕透不黏膩，能讓肌膚散發出健康光澤感的 R.N.A. 超肌能緊緻活膚霜。獨家濃縮 PITERA™ 搭配多重保濕潤澤配方，能持續滋潤乾燥肌膚，提升肌膚緊緻度並顯得柔軟有彈性。

※PITERA™：Galactomyces Ferment Filtrate（整肌保濕成分）

TRANSINO
薬用ホワイトニング
リペアクリーム EX

廠商名稱●第一三共ヘルスケア
容量/價格●35g / 4,000 円

質地呈凝凍狀清爽好推展，使用後能在肌膚表面形成透明薄膜的美白乳霜。在這層薄膜的密封效果下，美白成分傳明酸、抗乾荒成分甘草酸二鉀以及抗氧化防蠟黃成分博士茶萃取物，都能隨保濕成分被牢牢鎖定於肌膚當中。（医薬部外品）

ETVOS
モイストバリアクリーム

廠商名稱●エトヴォス
容量/價格●30g / 3,500 円

適合乾荒敏感肌使用，同時添加 4 種類人型神經醯胺，是一款可提升肌膚防禦機能的潤澤乳霜。搭配多種植萃油成分，使用後能在肌膚表面形成薄膜，不僅具有潤澤效果，更能發揮柔膚與保護的作用。

PROUDMEN.
リバイタライジングアイクリーム

廠商名稱●ラフラ・ジャパン
容量/價格●12g / 2,800 円

添加 13 種保濕與抗齡成分，專為男性獨特膚質所開發的眼霜。質地清爽，具有獨特清新香味，而且不黏不膩，延展性相當好，除了使用於眼部及口周之外，也可用於全臉保養。

毛穴撫子
お米のクリーム

廠商名稱●石澤研究所
容量/價格●30g / 1,500 円

一款質地濃密卻容易推展的保濕乳霜，採用來自日本國產米的米發酵液、米糠油、米糠萃取物以及米神經醯胺等保濕潤澤成分所製成，可深層滲透，防止肌膚水分流失，使肌膚保持青春活力，更加Q彈緊緻。

IHADA
薬用クリアバーム

廠商名稱●資生堂薬品
容量/價格●18g / 1,600 円

一款以資生堂獨家開發的高精製凡士林為基底，再搭配美白成分 m- 傳明酸與抗炎成分甘草酸二鉀所製成的防禦乳膏。除了保水潤澤之外，還能針對乾荒發紅的肌膚，以及黑斑或痘疤等膚色沉澱問題發揮作用。(医薬部外品)

B! FREE+
スクワランイン
モイスチャークリーム

廠商名稱●アイケイ
容量/價格●40g / 1,200 円

專為敏弱肌所研發，質地濃密卻不黏膩的保濕霜。配方結合了角鯊烷、3 種神經醯胺以及維生素 C 衍生物，溫和不刺激，可幫助敏弱肌維持滋潤度與水油平衡。

ケシミン
クリーム EX

廠商名稱●小林製薬
容量/價格●12g / 1,400 円

能針對臉上斑點發揮作用的集中保養乳霜。搭配維生素 C 衍生物及熊果素兩種美白成分，再添加具促進血液循環作用的維生素 E，是近年來藥妝店裡相當熱賣的乳霜類單品。(医薬部外品)

薬用シミエース AX

廠商名稱●クラシエ
容量/價格●30g / 1,300 円

同時添加高純度維生素 C、持續型維生素 E 以及高濃度維生素 A 的三重機能型維生素乳霜。建議針對可能形成黑斑的部位，進行預防性密集保養。(医薬部外品)

臉部保養
●撫紋霜●

自從 POLA 於 2017 年推出的 Wrinkle Shot 大賣，震撼整個日本保養業界，為抗齡保養開拓撫紋霜這片新領域後，各大廠商也同時大力投入同類商品的研發。目前日本市面上的撫紋霜種類，早就已經突破 10 種以上。

目前經日本政府認定，能宣傳具撫紋機能的成分只有三種，分別是 NEI-L1、高純度維生素 A 以及菸鹼醯胺。而各家撫紋霜除了這三種主要撫紋成分之外，還會添加各種保濕、緊緻或美白成分，以提升產品的附加價值。因此在挑選撫紋霜時，可稍微留意一下這些附加成分是否符合自己的保養需求。

NEI-L1

日文標示為ニールワン。這是 POLA 耗費 15 年時間、研究 5,400 種原料後所開發成功的獨家成分。主要功能是抑制形成

リンクルショット
メディカル セラム

廠商名稱● POLA
容量/價格● 20g / 13,500 円
主成分● NEI-L1

日本第一支撫紋霜，獨家成分的實際效果相當明顯，即使價格不斐仍持續熱賣。（医薬部外品）

ELIXIR SUPERIEUR
エンリッチド
リンクルクリーム S

廠商名稱● 資生堂
容量/價格● 15g / 5,800 円
主成分● 高純度維生素A

主成分為高純度維生素A，能輔助改善眼周細紋，使肌膚顯得更加柔軟，並搭配膠原蛋白 GL 強化保濕力。（医薬部外品）

皺紋的酵素，使其無法發揮作用，並能滲透至真皮組織，可對抗臉部較深層的皺紋。

維生素A醇／視黃醇

　　日文標示為レチノール。大部分資生堂體系的撫紋霜，都會採用此一成分。主要能輔助玻尿酸產生，通常在短時間內就能有感體驗。缺點是該成分容易受到紫外線破壞，所以白天使用時，建議加強防曬保養的工作。

菸鹼醯胺

　　日文標示為ナイアシンアミド。大部分高絲及花王體系的撫紋霜，都會採用此種成分。主要作用是輔助玻尿酸與膠原蛋白生成，同時也能緩解肌膚乾荒問題。缺點是撫紋效果因人而異，所以感受落差較大。

DECORTÉ iP.Shot アドバンスト

廠商名稱●コーセー
容量/價格●20g / 10,000 円
主成分●菸鹼醯胺

主成分為菸鹼醯胺，能輔助改善眼周細紋及膠原蛋白生成，同時更搭配了米胚芽油、海藻萃取物、水解黑豆萃取物以及濃甘油來強化潤澤保濕效果。（医薬部外品）

ONE BY KOSÉ ザ リンクレス

廠商名稱●コーセー
容量/價格●20g / 5,800 円
主成分●菸鹼醯胺

高絲所推出的藥妝店版撫紋霜。以菸鹼醯胺搭配高絲研究多年的抗齡成分蝦青素複合物，可發揮雙重抗齡保養作用。（医薬部外品）

est
リンクル
ソリューション プラス

廠商名稱●花王
容量/價格●20g / 10,000 円
主成分●菸鹼醯胺

搭配獨家開發，由月下香培養精華
α、褐藻萃取物及甘油所組成的複
合成分，並結合眾多保濕因子，能
兼顧撫紋及美白的保養需求。
（医薬部外品）

SOFINA
リンクルプロフェッショナル
シワ改善美容液

廠商名稱●花王
容量/價格●20g / 5,500 円
主成分●菸鹼醯胺

獨特的花・柑・薑香調，一款強
調香氛使用感的撫紋霜。同時搭配
亮膚保濕成分，能兼顧撫紋及美白
的雙重效果。（医薬部外品）

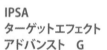

IPSA
ターゲットエフェクト
アドバンスト　G

廠商名稱●イプサ
容量/價格●23g / 13,000 円
主成分●高純度維生素A醇

搭配獨家複合保濕成分 Deep G
Target，以及抗發炎成分甘草酸二
鉀，同時涵蓋撫紋、保濕及安撫乾
荒肌等保養需求。（医薬部外品）

KANEBO
リンクル リフト セラム

廠商名稱●カネボウインターナショナル Div.
容量/價格●20mL / 13,500 円
主成分●菸鹼醯胺

添加 HA 潤澤拉提成分以及多種植
萃保濕成分，再搭配獨特的高親膚
性油保養成分，能長時間於肌膚表
面形成潤澤和緊緻膜層。
（医薬部外品）

LISSAGE
リンクルシューター

廠商名稱●カネボウ化粧品
容量/價格●20g / 8,000 円
主成分●菸鹼醯胺

運用 30 年以上的膠原蛋白研究
成果，添加獨特膠原蛋白護理成
分及 HA 潤澤拉提成分，並搭配
三種美容油所調配而成的潤澤基
底，能徹底強化潤澤保濕功能。
（医薬部外品）

DEW
リンクルスマッシュ

廠商名稱●カネボウ化粧品
容量/價格●20g / 5,800 円
主成分●菸鹼醯胺

添加 HA 潤澤拉提成分，以及萃取
自玻尿酸的保濕成分，能對抗眼
部、唇周以及額頭部位皺紋，使肌
膚更加緊緻。（医薬部外品）

臉部保養
•ALL IN ONE•

Dr.Ci:Labo
アクアコラーゲンゲル
エンリッチリフト EX

廠商名稱●ドクターシーラボ
容量/價格● 120g / 8,300 円

洗完臉後只需要一瓶，就能搞定繁複保養程序的全效凝露，可說是 Dr.Ci:Labo 的鎮店之寶。這瓶添加五種抗齡膠原蛋白的金色版本，更是針對鬆弛肌膚問題所開發的緊緻拉提型產品，另外還搭配 37 種美肌成分，可說是抗齡保養的懶人幫手。

江原道
オールインワン
モイスチャージェル

廠商名稱● 江原道
容量/價格● 100g / 4,200 円

一款以日本三大美人湯之一的出雲溫泉水做為基底，搭配 3 種玻尿酸及 5 種潤澤油成分的全效凝露。凝露質地濃密，在延展開來的瞬間，卻會像水般化開，快速滲透肌膚底層，發揮優秀保濕功能。不沾手的按壓型設計，用起來相當方便。

B! FREE+
スクワランイン
オールインワンジェル

廠商名稱● アイケイ
容量/價格● 100g / 1,200 円

主成分為高純度角鯊烷，是專為敏弱肌所研發的全效凝凍。使用感輕透溫和不刺激，能發揮優秀保濕力，即使是悶熱的夏季也不會感覺厚重。軟管容器包裝，使用更加順手方便。

GRACE ONE
リンクルケア
モイストジェルクリーム

廠商名稱●コーセーコスメポート
容量/價格● 100g / 3,000 円

目前日本藥妝店當中，唯一號稱具備改善細紋機能的 ALL IN ONE 全效凝露。添加高絲體系下所採用的撫紋成分菸鹼醯胺，再搭配彈力彈白、玻尿酸以及蜂王漿等多重潤澤成分，可說是 ALL IN ONE 新領域的代表產品。

momopuri
潤いスリーピングジェリー クール

廠商名稱● BCL
容量/價格● 80g / 1,200 円

這瓶使用起來帶有舒服沁涼感的晚安凍膜，是彈潤蜜桃濃潤系列在 2020 年春季所推出的另一項新品。在晚安凍膜當中，有許多包覆保養油的 Q 彈膠囊，可發揮相當不錯的潤澤保濕效果。

uno
バイタルクリーム
パーフェクション

廠商名稱● 資生堂
容量/價格● 90g / 1,480 円

能讓男性在 10 年後依舊有型的關鍵保濕凍。專為 20 ～ 30 世代男性所開發，可同時發揮抗齡保濕及亮膚控油等保養機能，讓肌膚不會過度超齡。質地清爽好吸收，沒有男性討厭的黏膩感。

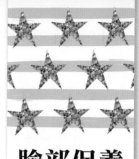

臉部保養
·抗痘保養·

薬用 純肌粋 エッセンス

廠商名稱●コーセー
容量/價格● 60mL / 4,500 円

添加牡丹皮、芍藥和茴香等東方草本植萃成分的抗痘型精華液。質地濃密滑順,可利用按摩的方式,促進血液及淋巴循環,預防角質表面堆積過多皮脂。(医薬部外品)

FORMULE
アクネミン Q Q

廠商名稱●ドクターフィル
コスメティクス
容量/價格● 30mL / 3,500 円

針對乾燥及老廢角質過度堆積所引發的成人痘問題,同時添加殺菌成分水楊酸、消炎成分甘草酸二鉀以及美白成分維生素 C 衍生物的抗痘精華液。不只能對抗痘痘,還能改善令人困擾的痘疤問題。
(医薬部外品)

ORBIS
薬用 クリアモイスチャー

廠商名稱●オルビス
容量/價格● 50g / 1,700 円

能改善因肌膚防禦機能紊亂所引起的乾荒肌痘痘問題的保濕液。採用可提升肌膚防禦力的紫根精華,再搭配抗發炎及保濕成分。質地滑順好推展且保濕力佳,使用時不易拉扯肌膚。(医薬部外品)

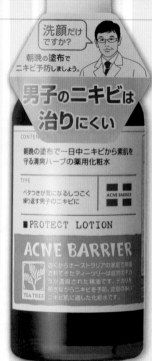

MEN'S ACNE BARRIER
薬用ローション

廠商名稱●石澤研究所
容量/價格● 120mL / 1,500 円

這款抗痘化妝水,是專為男性皮脂分泌旺盛引起的痘痘肌所開發。添加茶樹精油以及具殺菌和抑制皮脂過度分泌的成分,能幫助肌膚維持穩定的健康狀態。(医薬部外品)

EAUDE MUGE
薬用保湿化粧水

廠商名稱● 小林製薬
容量/價格● 200mL / 1,200 円

專為肌膚過於乾燥而引發成人
痘問題者開發的保濕化妝水。
搭配殺菌消毒成分，可改善反
覆出現的痘痘及乾荒肌問題。
（医薬部外品）

PAIR
アクネクリーンローション

廠商名稱● ライオン
容量/價格● 160mL / 1,500 円

來自知名痘痘藥膏品牌的抗痘
化妝水。殺菌及消炎成分與痘
痘藥膏相同，更額外添加維生
素 C 衍生物及大豆萃取物，可
提升肌膚本身的滋潤度。
（医薬部外品）

MEN'S ACNE BARRIER
薬用スポッツ

廠商名稱● 石澤研究所
容量/價格● 9.7mL / 1,500 円

搭配茶樹精油及殺菌成分的藥
用抗痘滾珠棒。小尺寸方便攜
帶，可直接塗抹於患部，隨時
隨地鎮定紅腫發炎的痘痘。
（医薬部外品）

明色美顔水
薬用化粧水

廠商名稱● 明色化粧品
容量/價格● 90mL / 800 円

1885 年誕生自藥劑師之
手，上市至今已有 135
年歷史的超長壽化妝水。
質地清爽、成分單純，卻
能同時兼具去除老廢角
質、抗菌以及去油光的效
果。（医薬部外品）

保養型態新提案
雙粹水漾護膚系統
SOFINA iP

誕生於 2015 年，集結花王近 40 年碳酸研究結晶的 SOFINA iP 土台美容液，可說是近年來少見的高人氣實力派基礎保養品牌。

自品牌成立以來，單靠一罐土台美容液就橫掃各大美妝排行榜，直到 2019 年秋季，才開始陸續增添新成員。有趣的是，SOFINA iP 在新增系列成員時，徹底顛覆大家的保養觀，並沒有走傳統路線推出化妝水及乳液等系列產品，而是接連推出四罐質地相異，訴求不同的美容液，提倡所謂的**雙粹水漾護膚系統**。

為了幫助忙碌的現代女性提升保養效率及成效，SOFINA iP 特別開發出**柔嫩、彈力、匀亮、水透**四種不同保養訴求的全新美容液。在土台美容液之後，搭配一罐符合自己保養需求的全新美容液，就可以簡單完成保養程序，讓現代女性即使再忙碌，也能輕鬆有效率地保養肌膚。

肌 id
只要掃瞄 QR 碼，並透過手機相機拍照，就能立即診斷出肌膚年齡，同時分析肌膚狀態與推薦適合的保養品。除日文之外，還有繁中、簡中及英語等介面可供選擇。

SOFINA iP
ベースケア エッセンス
（土台美容液）

容量／價格● 90g／5,000 円

在日本連續三年奪下美妝榜冠軍，史上最熱賣的高濃度碳酸美容液。單次用量的濃密精華液中，含有 2000 萬個碳酸泡，可同時滋潤並放鬆肌膚，輔助提升後續的保養效果。

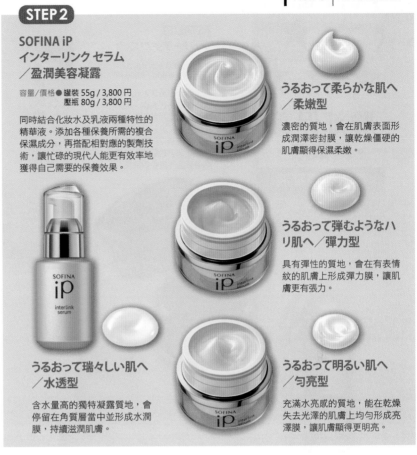

SOFINA iP
インターリンク セラム
／盈潤美容凝露

容量／價格● 罐裝 55g／3,800 円
　　　　　壓瓶 80g／3,800 円

同時結合化妝水及乳液兩種特性的精華液。添加各種保養所需的複合保濕成分，再搭配相對應的製劑技術，讓忙碌的現代人能更有效率地獲得自己需要的保養效果。

うるおって柔らかな肌へ
／柔嫩型

濃密的質地，會在肌膚表面形成潤澤密封膜，讓乾燥僵硬的肌膚顯得保濕柔嫩。

うるおって弾むようなハ
リ肌へ／彈力型

具有彈性的質地，會在有表情紋的肌膚上形成彈力膜，讓肌膚更有張力。

うるおって瑞々しい肌へ
／水透型

含水量高的獨特凝露質地，會停留在角質層當中並形成水潤膜，持續滋潤肌膚。

うるおって明るい肌へ
／匀亮型

充滿水亮感的質地，能在乾燥失去光澤的肌膚上均匀形成亮澤膜，讓肌膚顯得更明亮。

SOFINA iP
UV レジスト／UV 美容防護

　如果每天出門都有確實擦防曬的話，那麼我們每年擦防曬的時間大概就有 4000 小時之多。因此，SOFINA iP 推出全新的 UV 精華液，讓忙碌的晨間保養時光也能更有效率。
　不僅包含紫外線防御及 Ceramide 保養機能，還搭配獨家研發的抗氧化成分，不但能確實防曬，還能持續保養肌膚。帶有土台美容液的清新香氣，而且塗抹時與使用後的觸感都相當滑順舒服，也能在上妝前拿來當作飾底乳使用。(SPF50＋・PA＋＋＋＋)

リッチクリーム
／沁潤美容防護霜

容量／價格● 30g／3,000 円

スムースミルク
／清透美容防護乳

容量／價格● 30mL／3,000 円

臉部保養
·精華液·
導入型精華液

ASTALIFT
ジェリー アクアリスタ

廠商名稱●富士フイルム
容量/價格● 40g / 9,000 円

富士軟片運用奈米化研究技術的跨界代表作，同時也是記憶凝凍型保養品的先驅。洗完臉只要輕輕一抹，就能讓 20 奈米大的神經醯胺滲透肌膚，為後續保養品開啟吸收通道。

濃密炭酸泡 じっくり浸透肌へ

化粧水・オールインワン前に 浸透しやすい肌に整える

導入炭酸泡美容液
Kracie

肌美精
導入炭酸泡美容液

廠商名稱●クラシエ
容量/價格● 90g / 1,500 円

添加雙重滲透促進成分及角質柔化成分，可透過按摩方式提升血液循環的導入碳酸泡。除此之外，還搭配 7 種和漢草本萃取，能強化保濕鎖水機能。

est
セラム ワン

廠商名稱●花王
容量/價格● 90g / 12,000 円

運用花王拿手的碳酸泡技術，融合保濕循環成分，能幫所有保養工作打好穩固基礎。搭配近期相當熱門的撫紋成分菸鹼醯胺，是一瓶兼顧抗齡保養的導入精華。(医薬部外品)

米肌
澄肌クリアエッセンス

廠商名稱●コーセー
容量/價格● 120mL / 4,000 円

添加角質柔化成分，是款質地滑順中略帶稠度的擦拭型精華液。搭配化妝棉擦拭，即可簡單去除老廢角質，同時補充來自米發酵液與米糠萃取物的滋潤度，幫助後續保養更有效率。

Dr.Ci:Labo
アクアインダーム導入エッセンス EX

廠商名稱●ドクターシーラボ
容量/價格● 50mL / 5,500 円

一款源自醫源概念的導入精華。採用超滲透技術，號稱可媲美使用導入儀，能將細微的精華液成分滲透至肌膚當中。除此之外，還搭配修復機能成分與抗齡成分，可同時滿足多種保養需求。

融合日本悠久的飲食文化

來自日本清酒的美肌力
菊正宗 日本酒の美容液

　　使用米為原料所釀成的清酒，不只是日本飲食文化中的重要元素，背後更是蘊藏著美肌的祕密——看似澄澈如水的清酒當中，富含著維持人體肌膚健康所需的胺基酸。相傳日本古代藝妓，會把客人喝剩的清酒加水稀釋，然後塗抹於臉上以及身體各部位，作為保養肌膚的絕佳聖品。

　　而菊正宗的日本酒保養系列，正是鎖定清酒自古以來即被人們活用的美肌效果，在蒸散會對肌膚造成刺激的酒精後，只留下美肌所需的胺基酸成分以及天然清酒香，打造出這瓶近期人氣扶搖直升的日本酒精華液。

菊正宗
日本酒の美容液

廠商名稱●菊正宗酒造
容量/價格●150mL / 1,800 円

基底是來自日本酒所含的 12 種美肌胺基酸，再搭配熊果素、胎盤素等美白成分，以及 3 種神經醯胺與 2 種維生素 C 衍生物，可說是一款保濕鎖水及亮膚成分組合相當豪華的精華液。容量是化妝水等級的 150 毫升，CP值之高，就算拿來保養頸部等全身肌膚也不傷荷包。淡雅的清酒香，加上滑順觸感，也適合以輕輕按摩的方式加以塗抹。

臉部保養
•精華液•

保濕型精華液

AYURA
リズムコンセントレート

廠商名稱●アユーラ
容量/價格●40mL / 8,000 円

能輔助因壓力而顯得脆弱的肌膚，
找回調節規律性及健康度的精華液。
採用少見的抗壓成分「日本金松萃
取物」來對抗各種壓力對肌膚所造
成的傷害。同時，也搭配了多種能
修復及強化肌膚防禦力的美肌成分。

DECORTÉ
モイスチュア リポソーム

廠商名稱●コーセー
容量/價格●40mL / 10,000 円
　　　　　60mL / 13,500 円

日本百貨品牌中最熱賣的保濕精
華液之一，堪稱黛珂招牌明星商
品。採用獨家微米多重微脂囊體技
術，能讓美容成分深入肌膚並長時
間持續釋放。質地滑順好推展，保
濕表現優秀卻清爽不黏膩。

Benefique
ハイドロジーニアス

廠商名稱●資生堂
容量/價格●50mL / 10,000 円

碧麗妃極喚精靈高滲透修護水精
華，添加資生堂研究多年的長命草
萃取物。承襲品牌講究溫度 C 保
養精神，使用時建議搭配掌心溫熱
輕壓全臉，同時透過按壓太陽穴及
耳垂後方穴道的方式，以促進血液
循環並提升保養成分的吸收力。

ONE BY KOSÉ
藥用保湿美容液

廠商名稱●コーセー
容量/價格●60mL / 5,000 円

運用高絲最拿手的保濕成分「精
米效能淬取液 No.11」，可活化
肌膚中的神經醯胺，讓肌膚一整
天水水嫩嫩的精華液。質地相當
清爽，可幫助後續保養品更容易
吸收。（医薬部外品）

DHC
スーパーコラーゲン
スプリーム

廠商名稱● DHC
容量/價格●100mL / 4,600 円

一款重視肌膚吸收力與高純度的
保濕精華液。獨家研發的 DHC 超
級胜肽，號稱能深入真皮層發揮作
用，且濃度是 DHC 史上最高濃度
294 倍。使用起來像化妝水般清
爽，卻具備相當卓越的保濕能力。

ETVOS
モイスチャライジングセラム

廠商名稱● ETVOS
容量/價格● 50mL / 4,000 円

針對乾燥敏弱肌所開發的保濕精華液。一口氣添加5種皮膚科醫師推崇的鎖水成分「神經醯胺」，同時也融入多種具備柔膚效果的植萃油。透過柔化肌膚的方式，提升保養成分的吸收效果。

FORMULE
バリアミンＱＱ

廠商名稱● ドクターフィルコスメティクス
容量/價格● 50g / 3,500 円

添加植萃甘菊藍，外觀呈現夢幻紫藍色的保濕精華。甘菊藍本身具備修復及保濕機能，再搭配消炎成分甘草酸二鉀及多重保濕成分，適用於乾荒問題反覆發生的不穩肌。

CARTÉ CLINITY
スタビライズ エッセンス

廠商名稱●コーセー
容量/價格● 30mL / 2,500 円

專為現代壓力肌開發的醫美概念保濕精華。質地為滑順好推展的乳狀凝露，可在乾燥敏感肌上形成緩衝膜，透過反彈外來刺激的方式保護肌膚。搭配鎖水、潤澤及抗炎成分，特別適合狀態不穩定的肌膚使用。
（医薬部外品）

IPSA
ザ・タイム R
デイエッセンススティック

廠商名稱● IPSA
容量/價格● 9.5g / 2,900 円

利用海藻醣成分，能讓乾燥肌重返膨潤狀態的保濕精華棒。輕輕塗抹於乾燥部位後，即可在補水的同時形成一道薄膜，發揮密封保護作用。質感清爽不黏膩，能確實服貼於眼尾及嘴角等經常活動的部位。

米肌
肌潤エッセンスバーム

廠商名稱●コーセー
容量/價格● 9.5g / 3,500 円

接觸肌膚的瞬間，就會溫和化開並釋放出保濕成分的精華棒。包括保濕成分「精米效能淬取液 No.7」與發酵玻尿酸在內的7種滋潤成分，可同時發揮潤澤與密封機能，即使上妝後也能直接塗抹於乾燥部位。

臉部保養
·精華液·
美白型精華液

SK-Ⅱ
ジェノプティクス
オーラ エッセンス

廠商名稱● SK-Ⅱ
容量/價格● 30mL / 16,000 円

尚未浮現的隱藏斑點、擴散於肌膚各角落的細微黑色素以及慢性發炎狀態,都會使肌膚顯得彷彿烏雲罩頂般灰濛濛。這瓶美白精華液,可針對問題點逐一擊破,強化提升全臉清透感與明亮度。

DECORTÉ
ホワイトロジスト
ブライド コンセントレイト

廠商名稱●コーセー
容量/價格● 40mL / 15,000 円

在 2020 年春季推出第六代,採用麴酸作為主成分的黛珂美白精華液。在難纏的黑斑形成前,麴酸及獨家亮白複合物就能深入肌膚,針對黑色素核心發揮作用。除此之外,保濕效果也相當優秀,能讓肌膚看起來更顯水潤淨透。(医藥部外品)

IPSA
ホワイトプロセス
エッセンス　OP

廠商名稱● IPSA
容量/價格● 50mL / 12,000 円

以 m- 傳明酸與 4MSK 為主要美白成分的美白精華液。另外還搭配獨家複合成分,從抑制角質白濁化與調節黑色素分布均勻度,顯得更加清、透、亮。質地清爽且不含香料,是一款男性也同樣適用的美白產品。(医藥部外品)

HAKU
メラノフォーカスV

廠商名稱●資生堂
容量/價格● 45g / 10,000 円

這款驅黑淨白露是資生堂熱賣超過十年以上的明星級商品。除了主要美白成分 m- 傳明酸與 4MSK 之外,還添加具潤澤與保護機能的 V Cut 阻黑複合物成分,能抑制黑色素形成,深層調理,發揮潤澤密封的使用感。對偏好濃密質地的使用者來說,的確是款非常不錯的美白精華。(医藥部外品)

Benefique
ホワイトジーニアス

廠商名稱●資生堂
容量/價格● 45mL / 10,000 円

一款專為 30 世代女性的慢性疲憊肌所研發,主成分為 m- 傳明酸與 4MSK 的美白精華液。除原本的美白機能之外,還特別著重肌膚代謝週期,透過保濕、豐潤等美肌成分,讓肌膚顯得明亮有活力。(医藥部外品)

Dr.Ci:Labo
スーパーホワイト 377VC

廠商名稱●ドクターシーラボ
容量/價格●28g / 7,300 円

377 系列是 Dr.Ci:Labo 的美白精華液明星產品,主成分 WHITE377 的亮白效果,約是維生素 C 的 2400 倍。在 2020 年春季改版中,還特別添加複合成分「AG3」,可針對肌膚的糖化蠟黃問題分三階段發揮作用。

SOFINA
ホワイトプロフェッショナル
美白美容液 ET

廠商名稱●花王
容量/價格●40g / 5,500 円

美白成分為花王獨家研發的洋甘菊 ET,再搭配多種滋潤明亮成分的美白精華液。質地清爽好推展,滋潤度適中不具厚重感,搭配清新的花柑蜜香調,是一瓶全年都適用的美白產品。

ONE BY KOSÉ
メラノショット ホワイト D

廠商名稱●コーセー
容量/價格●40mL / 5,300 円

2018 年甫上市,在短時間內就迅速躍升為日本 KOSE 單年度最暢銷的美白精華液。以麴酸為中心的獨家滲透亮白配方,能直擊產生黑色素的細胞,發揮優異亮白保養效果。在 2020 年的升級改版中,則是新增了保濕與抗氧化成分。(医薬部外品)

TRANSINO
薬用ホワイトニング
エッセンス EXⅡ

廠商名稱●第一三共ヘルスケア
容量/價格●50g / 6,300 円

衍生自製藥公司美白錠的保養系列,主成分亦是第一三共所開發的傳明酸。在 2020 年這波品牌刷新改版中,除美白與清透保養之外,還特別強化保濕與毛孔護理。質地為偏濃密的乳液狀,但在夏季使用,也不會覺得過於厚重。(医薬部外品)

肌美精 ターニングケア美白
薬用美白美容液

廠商名稱●クラシエ
容量/價格●30mL / 1,300 円

同時結合高純度維生素 C 與傳明酸兩種常見美白成分的精華液。搭配品牌獨特的和漢花草本平衡成分,能同時兼顧乾荒不穩肌的保養工作。質地澄澈、清爽如水,滲透力表現也相當不錯。(医薬部外品)

MELANO CC
薬用しみ 集中対策 美容液

廠商名稱●ロート製薬
容量/價格●20mL / 1,100 円

在日本藥妝店開架美白精華液當中,近年來人氣指數明顯攀升的一款產品。主成分是活化型維生素 C 與維生素 E,即使美白效果並不迅速有感,但調理毛孔與肌膚清透度的效果還不錯。(医薬部外品)

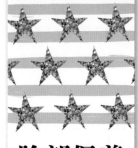

臉部保養
・精華液・
抗齡型精華液

Dr.Ci:Labo
5GF ヴァージンエッセンス

廠商名稱● 多克多爾シーラボ
容量/價格● 30mL / 25,000 円

Dr.Ci:Labo 創立 20 年的技術性突破，概念來自最具話題性的再生醫療，主打具鎖定活化細胞效果的抗齡精華液。採用幹細胞培養液及獨家 5GF 彈力成分，是一瓶價格不斐但效果備受期待的劃時代抗齡保養單品。

SK-Ⅱ
R.N.A. パワー ラディカル
ニュー エイジ ユース エッセンス

廠商名稱● SK-Ⅱ
容量/價格● 30mL / 12,500 円

可針對肌膚細緻度、緊緻度、光澤度以及毛孔狀態等視覺年齡要素進行強化保養的抗齡精華。質地清爽可迅速滲透肌膚，適合想要提升肌膚彈潤感與活力的使用者。

Ultimune
パワライジング コンセントレート

廠商名稱● 資生堂
容量/價格● 50mL / 12,000 円

瓶身帶有曲線的資生堂紅妍肌活露，可說是一款認知度極高的抗齡精華液。以肌膚活力為主題，不只能讓肌膚散發出光澤感與彈力，更能使細緻膚紋，帶來清透感。花香調融合柑橘香氣，在輕輕塗抹於全臉的同時，能令人倍感舒緩放鬆。

Bb LABORATORIES
水溶性プラセンタエキス原液

廠商名稱● ビービーラボラトリーズ
容量/價格● 30mL / 9,000 円

採用日本國產豬胎盤所萃取而成的胎盤素原液。胎盤素富含維生素、胺基酸、酵素以及醣類等活化細胞的成分，因此在日本，被視為一種兼具保濕、美白及抗齡等多重作用的珍貴成分。濃度 100% 的胎盤素原液，可添加數滴於原本的保養品中一起使用。

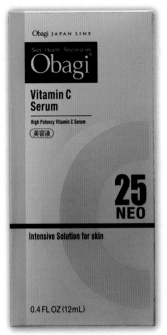

Obagi
C25 セラムネオ

廠商名稱●ロート製薬
容量/價格● 12mL / 10,000 円

這款精華液是樂敦製藥耗費 15 年歲月、
挑戰技術極限的研究結晶。維生素 C 含量
高達 25%，無論是毛孔粗大，或是暗沉、
鬆弛、膚紋紊亂以及乾燥所造成的細紋，
都能交給這一瓶來對付。

Dr.Ci:Labo
4D ボトリウム
エンリッチリフトセラム

廠商名稱●ドクターシーラボ
容量/價格● 18g / 8,800 円

一款主打撫紋體感明顯，是少數採用類肉
毒成分的抗齡精華液。7 種類肉毒成分的
濃度高達 55%，還添加獨家保濕成分黃金
膠原蛋白 EX，可在保濕的同時應對臉部細
紋問題。

SOFINA
リフトプロフェッショナル
ハリ美容液 EX

廠商名稱●花王
容量/價格● 40g / 5,500 円

集結花王 30 多年的肌膚彈力研究成果，
專為乾燥無彈力肌膚所開發的抗齡精華
液。利用獨特的油水層疊技術，融合生薑、
馬栗樹以及褐藻等三種植萃成分，使用起
來有種相當獨特的密封保濕感。

來自北海道
日本角鯊烷美容油的代表品牌
HABA

[B]

[A]

[C]

[D]

對於乾燥肌與不穩肌而言，美容油是最能滋潤、柔化肌膚，並且將水分留在肌膚當中的好幫手。無論是橄欖油、乳油木果油或是摩洛哥堅果油，都是人氣度相當高的植萃美容油成分。

近年來，存在於人體皮脂當中，可形成皮脂膜用以對抗乾燥與紫外線傷害的角鯊烷，成為備受矚目的美容油成分。角鯊烷最早被發現能從深海鯊魚的肝臟中加以萃取製造。後來，又發現從橄欖油及甘蔗當中，也能萃取出微量的植物性角鯊烷。

若問起日本美妝店當中最具代表性的角鯊烷品牌，許多日本藥妝迷第一個聯想到的就是 HABA。因為純度夠高，只要添加一滴在原有的保養品當中，就能簡單提升保養效果，也因此 HABA 的角鯊烷才會擁有如此高人氣。為滿足愛用者的保養需求，HABA 還陸續開發出多種角鯊烷產品。

臉部保養
·精華液·
美容油

DECORTÉ AQ
オイル インフュージョン

廠商名稱● コーセー
容量/價格● 40mL / 10,000 円

黛珂運用獨家技術打造，添加禾雀花萃取物，可幫助乾燥肌膚調節至最佳狀態的美容油。使用後能讓肌膚散發健康的光澤感，觸感又不會過於黏膩。

[A]
高品位「スクワラン」

容量/價格● 15mL / 1,400 円
　　　　　30mL / 2,500 円
　　　　　60mL / 4,600 円
　　　　　120mL / 8,500 円

HABA 於 1983 年推出的第一瓶角鯊烷，其純度高達 99.9%，堪稱是角鯊烷美容油界的代表。

[B]
高品位「スクワラン」II

容量/價格● 15mL / 1,300 円
　　　　　30mL / 2,300 円
　　　　　60mL / 4,200 円

萃取自植物的角鯊烷，無論是保養效果與質地，都與原本的動物性角鯊烷相似。

[C]
薬用ホワイトニングスクワラン

容量/價格● 30mL / 3,000 円

融合角鯊烷及維生素 C 衍生物，能兼顧保濕潤澤與亮白效果。（医薬部外品）

[D]
スクワ Q10

容量/價格● 30mL / 2,800 円

專為抗齡保養所開發，添加 Q10 與維生素 E 等抗老成分的角鯊烷。

VIRCHE
マルラオイル

廠商名稱● ヴァーチェ
容量/價格● 18mL / 3,680 円

採用來自南非的珍稀抗齡成分「馬魯拉果油」所製成的美容油。馬魯拉果油不只抗氧化力高於橄欖油 10 倍，還擁有相當出色的保濕潤澤力，即使敏感肌也同樣適用。

DHC
オリーブ バージンオイル

廠商名稱● DHC
容量/價格● 30mL / 3,620 円

DHC 創立時的第一瓶保養品，也是 DHC 最重要的鎮店之寶。採用西班牙有機栽培橄欖所搾取而成的 100 ％橄欖美容油。只要一滴，就能在肌膚上形成保護膜，幫助肌膚抵禦乾燥的傷害。

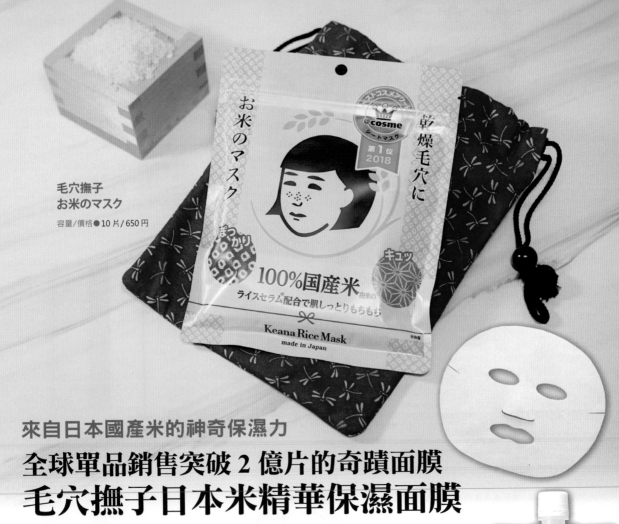

毛穴撫子
お米のマスク

容量／價格●10片／650円

來自日本國產米的神奇保濕力

全球單品銷售突破 2 億片的奇蹟面膜
毛穴撫子日本米精華保濕面膜

　　一直以來，面膜都是華人赴日旅遊時必定大量掃貨的重點保養單品。石澤研究所於 2015 年推出的「毛穴撫子日本米精華保濕面膜」，一度熱賣到斷貨，是一款至今仍被一些藥妝店限制購買數量的超人氣面膜。這款強調保濕力的面膜，美肌成分全部來自於日本國產米，包括滋潤肌膚的**米發酵液**、增添潤彈感的**米糠油**、調節肌膚狀態的**米神經醯胺**，以及調理膚紋細緻度的**米糠萃取物**。

　　這些米保養成分能深入滲透肌膚，幫助粗糙無彈性且膚紋紊亂、毛孔粗大的肌膚變得水潤 Q 彈，讓素顏見人再也不是一場噩夢。

　　不只是保濕成分夠力，毛穴撫子米保養面膜另一個大獲好評的重點，在於最基礎但也最重要的面膜布。

　　這款面膜呈圓形裁切，加大了雙頰、額頭甚至是下巴等部位的覆蓋範圍。最重要的，是面膜布材質厚實、具備彈性，且服貼性相當高，即使是下巴或鼻翼等部分，也不容易翻起，果然是面面俱到。

毛穴撫子
お米のパック

容量／價格●170g／1,200円

同樣搭配了 4 種日本國產米保養成分的毛穴撫子米泥膜，質地與觸感猶如剛煮好的白米飯一樣 Q 彈。洗完臉後只要敷個 5 分鐘，就能讓乾燥粗大的毛孔顯得緊緻，原本粗糙的毛孔觸感也變得較為滑嫩，肌膚整體也會更有清透感與光澤度。

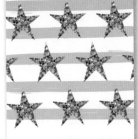

臉部保養
•面膜•

透明白肌
ホワイトマスク N

廠商名稱● 石澤研究所
容量/價格● 10 片/600 円

植物性類胎盤素搭配豆乳發酵液與膠原蛋白等保濕成分的亮白型面膜。使用後膚觸清爽不黏膩，除了日常保養外，也很適合在不小心曬到太多太陽後，做為急救保養用。

Saborino 目ざまシート
朝用マスク しっとりタイプ

廠商名稱● BCL
容量/價格● 32 片/1,300 円

堪稱是日本早安面膜始祖，只需 60 秒即可在忙碌的清晨快速打理好臉部清潔與基礎保養。帶有舒服的果調草本香，使用起來滋潤度剛剛好，就算是夏天使用也不會覺得厚重。

菊正宗
日本酒のフェイスマスク

廠商名稱● 菊正宗酒造
容量/價格● 7 片/450 円

主要成分來自富含美肌胺基酸的菊正宗純米吟釀酒。帶有淡淡的日本酒清香，卻沒有酒精的刺激感。敷起來感覺相當清爽，很適合在夏季使用。

MINON AminoMoist
ぷるぷるしっとり肌マスク

廠商名稱● 第一三共ヘルスケア
容量/價格● 22mL×4 片/1,200 円

融合多重胺基酸，適合敏弱肌使用的保濕面膜。獨特的凝凍狀美容液不易蒸發，也不會一直往下滴落，而是會隨著面膜布牢牢服貼於肌膚之上。

MINON AminoMoist
薬用 美白乳液マスク

廠商名稱● 第一三共ヘルスケア
容量/價格● 20mL×4 片/1,500 円

MINON 在 2018 年推出的美白面膜。採用相同於保濕面膜的潤澤配方，搭配美白及抗炎成分，很適合在夏季日曬後做集中保養。面膜布相當輕薄而服貼，搭配少見的乳液質地，能同時發揮柔化肌膚的作用。（医薬部外品）

菊正宗
日本酒のフェイスマスク 高保湿

廠商名稱● 菊正宗酒造
容量/價格● 7 片/500 円

菊正宗日本酒面膜的滋潤版。同樣含有日本酒當中的美肌胺基酸，且額外添加 2 種鎖水成分神經醯胺，滋潤度提升許多，特別適合在較乾燥的季節裡使用。

CLEARTURN
美肌職人 はとむぎマスク

廠商名稱● コーセーコスメポート
容量/價格● 7 片/400 円

採用溫泉水作為基底，搭配可提升肌膚清透感的薏仁萃取物。面膜本身的材質，是相當具特色的手漉和紙，服貼度及美肌成分傳導性表現都不錯。

TRANSINO
薬用ホワイトニング
フェイシャルマスク EX

廠商名稱●第一三共ヘルスケア
容量/價格●20mL×4 片/1,800 円

來自製藥公司美白錠的保養系列，採用傳明酸為主成分的美白面膜。同時搭配抗發炎與保濕成分，適合用來安撫受紫外線傷害後肌膚不穩及乾燥的狀態。面膜布本身材質偏厚，能將吸飽飽的美容成分持續滲透至肌膚當中。（医薬部外品）

肌研
白潤プレミアム
薬用浸透美白 ジュレマスク

廠商名稱●ロート製薬
容量/價格●23mL×3 片/650 円

面膜布本身的纖維細緻不刺激，能搭配凝凍成分確實服貼於肌膚每一處。除美白成分 WHITE 傳明酸之外，還搭配 2 種肌研最拿手的保濕玻尿酸，以及維生素 C、E 等保養成分。（医薬部外品）

CLEARTURN
ホワイトマスク ビタミン C

廠商名稱●コーセーコスメポート
容量/價格●27mL×5 片/580 円

除美白成分安定型維生素 C 之外，還搭配 5 種植萃潤澤保濕成分。柔軟的純棉面膜布經過改良，服貼度大幅提升許多，連眼角與嘴角等細微部位，也能確實服貼。（医薬部外品）

肌美精
大人のニキビ対策
薬用集中保湿 & 美白マスク

廠商名稱●クラシエ
容量/價格●7 片/1,150 円

專為乾燥引起的成人痘所開發，特別強化保濕、消炎以及柔化肌膚等成分的抗痘面膜。同時搭配高純度維生素 C，還可以有效應對痘疤以及黑斑等問題。（医薬部外品）

momopuri
潤いぷるジュレマスク

廠商名稱● BCL
容量/價格●22mL×4 片/700 円

是近期上市的新面膜當中，一款備受注目的人氣搶手貨。在濃密 Q 彈的凝凍精華成分裡頭，添加了美肌乳酸菌 EC-12，並搭配來自桃子的鎖水成分神經醯胺，能發揮卓越保濕力。服貼度佳，就連眼周肌膚也能完美密合。淡淡的水蜜桃香氣，讓人心情好放鬆。

Wafood Made
酒粕パック

廠商名稱● pdc
容量/價格●170g/1,200 円

這款保濕酒粕泥膜，除了添加來自於酒粕的萃取成分之外，更搭配多種保濕鎖水配方，只要避開眼、口等部位，敷個 5～10 分鐘，然後再用清水沖淨，肌膚就會顯得柔嫩且更加清透。

肌美精
超浸透３Ｄマスク

廠商名稱●クラシエ
容量/價格●30mL×4 片/ 760 円

日本藥妝店當中，同質性產品並不多的 3D 立體面膜系列。面膜布能完整包覆，服貼於臉部各角度，就連鼻翼和下巴等部位也全都零死角。美容成分略帶稠度，不易蒸發，容量更多達 30 毫升，能給予臉部超水潤的密集保養。

エイジングケア保湿／抗齡保養
滲透膠原蛋白

エイジングケア美白／美白保養
高純度維生素 C 衍生物
（医薬部外品）

超もっちり／乾燥保養
滲透玻尿酸

PREMIUM PUReSA
ゴールデンジュレマスク

廠商名稱●ウテナ
容量/價格●33g×3 片/ 700 円

人氣度居高不下的熱銷品牌，同時也是日本凝凍面膜的先驅。凝凍當中，融合了神經醯胺、角鯊烷、8 種胺基酸以及海藻醣等油性與水性保養成分，不但不易蒸發，還能透過柔化肌膚的方式，幫助美容成分深入角質層。

ヒアルロン酸／保濕保養
雙重玻尿酸

コラーゲン／彈潤保養
雙重膠原蛋白

ローヤルゼリー／抗齡保養
雙重蜂王漿

Barrier Repair
シートマスク

廠商名稱●マンダム
容量/價格●22 ～ 27mL×5 片/ 700 円

高服貼性，可給予肌膚滋潤的面膜系列。全系列添加極具特色的共通保濕成分「類胎脂保濕因子」，具高保濕力。面膜布為高保水力的多層結構，裁切精準，能服貼於眼角與嘴角等細微部位。

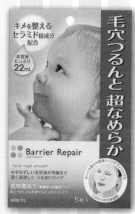  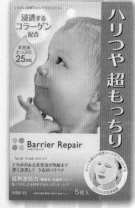

毛穴つるんと超なめらか
／滑嫩肌保養
類神經醯胺

ぷるぷる超しっとり／彈潤肌保養
奈米玻尿酸

ハリつや超もっちり／緊緻肌保養
小分子膠原蛋白

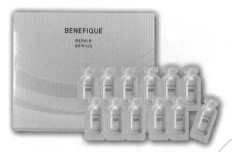

BENEFIQUE
リペアジーニアス

廠商名稱●資生堂
容量/價格●1.3mL×12包/6,500円

質地濃密的精華液當中，含有滿滿的集中修護成分，以及碧麗妃極em精靈獨家研發的環潤成分。只要在睡前最後一道程序敷於全臉，就能持續發揮6小時的高效保濕修護調理功效。除了日常集中保養外，也推薦於長途飛行中使用。

REVITAL
リンクルリフト
レチノサイエンスＡＡ　Ｎ

廠商名稱●資生堂
容量/價格●2片×12包/6,000円

使用撫紋成分高純度維生素A衍生物的抗齡保濕眼膜。運用資生堂精心研發技術，將高純度維生素A從乳霜狀進化成液狀，變得更加清爽且能迅速滲透撫紋。只要敷15分鐘，就能見證眼周細紋的變化。（医薬部外品）

IC.U
HA マイクロパッチ

廠商名稱●ドクターフィルコスメティクス
容量/價格●2片一組/1,800円

這款新形態眼膜，是採用微針技術，將玻尿酸凝固成比蚊子口器更細小的微針狀。只要在睡前將眼膜貼於眼下有細紋的部位，每片眼膜當中數量高達約1,300支的高吸水性玻尿酸微針，會持續為肌膚注入5小時的水嫩膨潤保養。

Bioré TEGOTAE
寝ている間のうるおい
集中ケアパック

廠商名稱●花王
容量/價格●2片×8組/980円

睡覺時能貼上一整晚的密封保養眼膜。融合保濕成分的凝膠貼膜，服貼度相當高，即使睡覺時翻身也不容易脫落。非常適合在濕度過低的乾燥環境下，為眼周肌膚進行密封保濕保養。

Liftarna
珪藻土パック

廠商名稱●pdc
容量/價格●50g/900円

基底為珪藻土的局部用泥膜。利用珪藻土能吸附皮脂的特性，敷個3～4分鐘，等珪藻土變色後，就可用水沖洗乾淨。使用起來帶有舒適的清涼感，搭配3種收斂緊緻成分，對於容易出油的粗大毛孔肌而言，絕對是款不容錯過的保養單品。

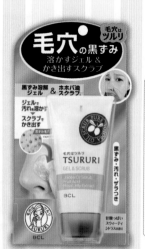

TSURURI
角栓溶かすジェル＆
スクラブ

廠商名稱●BCL
容量/價格●55g/900円

搭配粉刺溶解凝膠與荷荷芭油柔珠，只要針對黑頭粉刺的惱人部位繞圈按摩個10秒鐘，再用清水沖洗乾淨，就能簡單趕走毛孔內的髒污、老廢角質，就連卡在毛孔裡的粉刺也清潔溜溜。

TANSAN MAGIC
SODA SPA FORM
PREMIUM 10,000

廠商名稱●東洋炭酸研究所
容量/價格●130g/3,500円

濃度高達10,000ppm的碳酸泡，泡泡本身可持續30分鐘左右不消失，能直接敷在臉上清潔毛孔髒污、皮脂、老廢角質，並發揮促進血液循環作用，在美容與健康方面的效果備受期待。

臉部保養
●防曬●

ANESSA
パーフェクト UV
スキンケアミルク a

廠商名稱●資生堂
容量/價格● 60mL / 3,000 円

安耐曬金鑽高效防曬露 A，堪稱是日本知
名度最高的防曬乳，許多人到日本都會掃
個幾罐帶回家。不只具有最高水準的防曬
力，還有高達 50% 的美肌保養成分。耐
水耐汗還耐磨擦，改版後質地也變得清爽
許多，使用一般洗面乳即可卸除。
（SPF50+・PA++++）

d program
アレルバリア エッセンス

廠商名稱●資生堂
容量/價格● 40mL / 3,000 円

可阻隔空氣中懸浮微粒，就連小朋友也能
使用的一款溫和防曬乳。搭配敏感話題獨
特保濕成分，能對抗敏弱，讓乾荒問題遠
離肌膚，同時提升底妝的服貼度。
（SPF40・PA+++）

ELIXIR SUPERIEUR
デーケア レボリューション T+

廠商名稱●資生堂
容量/價格● 60mL / 3,000 円

同時具備乳液、飾底乳以及防曬等三重日
間保養機能，在化妝水之後只要輕輕一
抹，就可以馬上出門。獨特的水潤保濕膜
能讓肌膚從早到晚都顯得彈潤飽滿。
（SPF50+・PA++++）

Dr.Ci:Labo
UV&WHITE エンリッチリフト 50+

廠商名稱●ドクターシーラボ
容量/價格● 40g / 3,800 円

搭配富勒烯以及黃金膠原蛋白等多種醫美
級保濕彈潤成分，可同時滿足抗齡保養需
求的防曬乳。充滿夢幻感的粉紅色調，可
在發揮防曬功能的同時，一掃肌膚暗沉感。
（SPF50+・PA++++）

AYURA
ウォーターフィール
UV ジェル α

廠商名稱●アユーラ
容量/價格●75g / 2,800 円

水感凝露質地好推展，保濕潤澤效
果也十分優秀。搭配兩種粉體，強
化使用後的滑順清爽觸感。獨特的
東方草本香調能舒緩身心，是其他
防曬品所沒有的特色。
（SPF50+・PA++++）

ALLIE
エクストラ UV　ジェル N

廠商名稱●カネボウ化粧品
容量/價格●90g / 2,100 円

次世代 3.0 防曬凝露，不只耐水耐
汗，即使受到衣物摩擦也不容易脫
落，能確實發揮防曬效果。添加玻
尿酸等保濕成分，也可作為飾底乳
使用。
（SPF50+・PA++++）

ALLIE
ニュアンスチェンジ UV
ジェル　RS

廠商名稱●カネボウ化粧品
容量/價格●60g / 1,800 円

次世代 3.0 防曬凝露，可耐水、耐
汗、耐摩擦。粉嫩的薔薇色調，能
讓氣色更加柔和。溫和花香調，也
能令人感到開心雀躍。
（SPF50+・PA++++）

紫外線予報
ノンケミカル UV クリーム F

廠商名稱●石澤研究所
容量/價格●40g / 1,800 円

主打無化學配方，不會對珊瑚礁生
態造成破壞的一款防曬乳。添加膠
原蛋白、玻尿酸以及 7 種植萃成
分，可當成妝前保養與飾底乳，即
使敏感膚質也能安心使用。
（SPF50+・PA++++）

IHADA
薬用 UV スクリーン

廠商名稱●資生堂藥品
容量/價格●50mL / 1,600 円

資生堂藥品旗下第一罐 SPF50+ 的
無化學成分防曬乳。專為敏感膚質
開發，使用感水潤不厚重，從嬰兒
到大人都能使用。添加抗發炎成
分，可保護肌膚避免因日曬而變得
乾荒。
（SPF50+・PA+++）

SUNMEDIC UV
薬用サンプロテクト EX a

廠商名稱●資生堂藥品
容量/價格●50mL / 2,100 円

質地溫和，連敏感肌也適用的防曬
乳，能徹底照護受紫外線傷害的肌
膚。添加傳明酸與超級玻尿酸，可
兼顧美白與保濕機能，早上洗完
臉，只要塗這一瓶就可以出門囉！
（SPF50+・PA++++）

Biore UV
アクアリッチ
ウォータリー エッセンス

廠商名稱●花王
容量/價格● 50g / 800 円

日本藥妝店開架防曬品當中，認知
度與人氣指數都非常高的防曬凝
露。全球首創的 Micro Defense 技
術，即使細微皮溝也能徹底防曬。
防護力全面升級，使用起來卻依舊
輕透充滿水感。
（SPF50+・PA++++）

SPORTS beauty
サンプロテクトジェル

廠商名稱●コーセー
容量/價格● 40g / 1,000 円
　　　　　 90g / 2,000 円

輕輕一塗，帶負離子與帶正離子的
薄膜形成劑，就會在肌膚表面緊緊
吸附結合，形成具有彈性的防禦膜
層。如此一來，不管怎麼活動，都
能確實抵擋紫外線傷害。
（SPF50+・PA++++）

SKIN AQUA
トーンアップ UV エッセンス

廠商名稱●ロート製藥
容量/價格● 80g / 740 円

在日本引爆潤色防曬風潮的先鋒。夢幻的紫色防
曬精華，是由能打造出輕透感的藍色，以及能提
升氣色的粉紅色所調合而成，可使膚色看起來更
加亮白清透。（SPF50+・PA++++）

EVITA
ボタニバイタル
モイストウォーターシールド UV

廠商名稱●カネボウ化粧品
容量/價格● 50g / 1,800 円

添加多種植萃保濕成分，多效合一，同時兼具化
妝水、乳液、精華液、乳霜以及防曬乳等功能。
水感質地無負擔，卻能長效滋潤與保護肌膚。
（SPF50+・PA++++）

SUNCUT
プロテクト U V スプレー

廠商名稱●コーセーコスメポート
容量/價格● 60g / 580 円　 90g / 780 円

日本防曬噴霧的代表作，連續 8 年勇奪防曬噴霧
銷售冠軍寶座。使用起來輕透速乾不泛白，不只
全身肌膚，就連頭髮與頭皮，也能全面防禦抵擋
紫外線的傷害。（SPF50+・PA++++）

底妝

飾底乳 BB 霜 CC 霜
粉底液 粉餅 蜜粉
遮瑕膏

飾底乳

Primavista
皮脂くずれ防止化粧下地

廠商名稱●花王
容量／價格● 25mL / 2,800 円

連續 9 年熱賣奪冠，被知名美妝
排行榜封為殿堂級逸品的飾底乳。
採用花王獨家皮脂固化技術，擁有
超強控油力，在高服貼皮膜形成配
方的輔助下，更能有效防止脫妝。
（SPF20・PA++）

飾底乳

ESPRIQUL
パーフェクト キープ ベース

廠商名稱●コーセー
容量／價格● 30g / 2,600 円

在超級皮脂固化成分作用下，受包
覆的皮脂外層膚觸顯得格外乾爽
不黏膩。搭配毛孔調理與遮飾配
方，讓超容易泛油光的 T 字部位最
長能維持 13 小時的完美妝感。
（SPF25・PA++）

飾底乳

MAQuillAGE
ドラマティック
スキンセンサーベース EX

廠商名稱●資生堂
容量／價格● 25mL / 2,600 円

能偵測皮膚濕度及皮脂變化，維持
肌膚油水平衡，持妝效果長達 13
小時的飾底乳。添加多種保濕成
分，並搭配磁吸效果粉體，能讓妝
容始終完美輕透，就像是剛上妝一
般。（SPF25・PA+++）

飾底乳

Pidite
オイルコントロールベース

廠商名稱● pdc
容量／價格● 30g / 1,300 円

可吸收多餘皮脂，自然修飾痘疤或
局部泛紅問題的綠色控油潤色飾
底乳。搭配多種保濕與收斂成分，
能使粗大毛孔顯得緊緻。
（SPF25・PA++）

雪肌精
ホワイト BB クリーム

廠商名稱●コーセー
容量/價格●30g / 2,600 円

融合雪肌精獨家輕透肌草本保養
成分的 BB 霜，可同時取代基礎保
養與底妝。獨家的雪晶粉體能折射
光線，使妝感輕柔並帶有自然光
感，即使臉部出油也不會讓妝感顯
得黯沉。（SPF40・PA+++）

ORBIS
ホワイトニング BB

廠商名稱●オルビス
容量/價格●35g / 2,700 円

開發概念來自保養精華，是一款特
別重視保濕機能與持妝效果的美白
BB 霜。添加持續型維生素 C 衍生
物與珍珠萃取物作為淨亮成分，再
搭配三重粉體，可實現亮白、防脫
妝及遮飾毛孔等妝效。

（SPF40・PA+++）

SK-Ⅱ
アトモスフィア CC クリーム

廠商名稱● SK-Ⅱ
容量/價格●30g / 8,500 円

可同時對抗紫外線、紅外線以及懸
浮微粒等環境傷害因子，打造出自
帶光環美肌妝感的 SK-Ⅱ光感煥白
CC 霜。不僅利用雙重細微粉體調
控膚色，更添加濃縮 PITERA™ 發揮
優秀的保濕持妝效果。
（SPF50・PA++++）

SUGAO
エアーフィット CC クリーム

廠商名稱●ロート製藥
容量/價格●25g / 1.380 円

採用獨家 Air Fit 配方，輕柔得就像
是舒芙蕾般的 CC 霜。即使輕透到
幾乎令人忘記它的存在，卻還是能
透過柔焦效果，自然修飾毛孔與細
紋，同時吸附多餘皮脂，讓膚觸變
得更加清爽滑順。
（SPF23・PA+++）

雪肌精 MYV
オイル トリートメント ファンデーション

廠商名稱●コーセー
容量/價格●30mL / 5,000 円

以美容油為基底的保養油粉底液。添
加薏仁油等多種東方草本美容油，能
為肌膚補充潤澤度，改善肌膚因缺油
所造成的妝感不服貼問題。同時，也
能讓肌膚由內向外，散發出優雅的清
透感與光澤度。（SPF40・PA++++）

江原道
マイファンスィー モイスチャー ファンデーション

廠商名稱●江原道
容量/價格●20g / 4,800 円

滋潤成分比例高達 80％，即使少量
使用，也同樣水潤好延展，是一款能
確實遮飾毛孔與細紋的粉底液。採用
全新細微粉體，能讓完妝後的肌膚觸
感更加滑順柔嫩，長時間散發出健康
的光澤妝感。

粉底液

粉底液

蜜粉

INTEGRATE
プロフィニッシュリキッド

廠商名稱●資生堂
容量/價格●30mL / 1,600 円

採用革新型態的無重力粉體，是一款可同時實現輕透、高遮瑕力與超服貼等妝效的粉底液。搭配高保濕美容液，可長時間滋潤肌膚。質地充滿水潤感，光用手指就能輕鬆快速打造光感無瑕美肌。
（SPF30・PA+++）

KATE
パウダリースキンメイカー

廠商名稱●カネボウ化粧品
容量/價格●30mL / 1,600 円

輕透容易推展的液態粉底，在肌膚表面形成均勻薄膜後，多餘油分就會迅速揮發，只留下粉體。宛如羽化為零重力薄紗般，呈現出清爽滑嫩的霧面妝感。
〔SPF15 PA++（00：SPF10 PA++）〕

CLEAR LAST
フェイスパウダー
ハイカバー N マットオークル

廠商名稱● BCL
容量/價格●12g / 1,500 円

日本美妝店熱賣 15 年，系列銷量累積突破 1000 萬個的 ClearLast 防曬遮瑕蜜粉餅。不但擁有高遮瑕力，還同時具備粉餅、遮瑕、蜜粉、防曬與耐油抗汗等機能。對於忙碌的現代女性而言，可説是非常方便的底妝定番。
（SPF40・PA+++）

粉餅

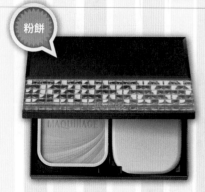

粉餅

粉餅

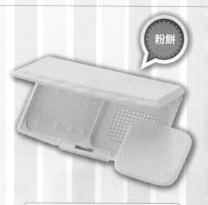

MAQuillAGE
ドラマティック パウダリー UV

廠商名稱●資生堂
容量/價格●9.3g / 3,000 円

在日本人氣居高不下，登上知名美妝排行榜殿堂的心機星魅輕羽粉餅。質地宛如絲般柔潤滑順，還搭配能 360°擴散光線的美肌粉體，簡簡單單，就能打造出均勻滑嫩的輕透美肌妝感。
（SPF25・PA+++）

ESPRIQUE
シンクロフィット パクト UV

廠商名稱●コーセー
容量/價格●9.3g / 2,800 円

在特殊的持妝效果成分輔助下，即使是凹凸不平的肌膚，也能擁有服貼妝感，並遮飾肌膚上的瑕疵。完妝後膚觸滑順輕柔，吸油脫妝的表現也相當優秀。
（SPF26・PA++）

CEZANNE
UV ファンデーション EX プラス

廠商名稱●セザンヌ化粧品
容量/價格●11g / 500 円

日本藥妝店熱賣超過 1,300 萬個的人氣乾濕兩用型粉餅。添加保濕成分和皮脂吸附成分，可幫助肌膚補水並預防出油脫妝。遮瑕效果清透自然，堪稱是小資入門款必備粉餅。（SPF23・PA++）

蜜粉

Milano Collection
フェースアップパウダー 2020

廠商名稱●カネボウ化粧品
容量/價格●24g / 9,000 円

2019 年 12 月 1 日在日本推出的限定款天使蜜粉。自 1991 年上市以來，每年年底都會推出不同設計款的人氣蜜粉。不僅是粉餅盒別具收藏價值，細緻且持妝效果佳的蜜粉，也讓眾多粉絲愛不釋手。

蜜粉

DECORTÉ
フェイスパウダー

廠商名稱●コーセー
容量/價格●20g / 5,000 円

滑順觸感宛如絲綢般的裸光絲柔蜜粉。親膚性高的胺基酸與有機蠶絲包覆下的有機蠶絲體，搭配 4 種植萃保濕成分，能輕透地與肌膚融為一體，柔焦效果也讓肌膚顯得格外柔嫩細緻。
（SPF25・PA++）

蜜粉

雪肌精
スノー CC パウダー

廠商名稱●コーセー
容量/價格●(蕊)8g / 3,200 円 (盒)1,000 円

質地柔順薄透，同時具備 CC 霜與蜜粉妝效的雪肌精 CC 絲絨雪粉餅。粉體含有雪肌精獨特的草本保濕成分，可在自然修飾肌膚的同時發揮保養機能。
（SPF14・PA+）

蜜粉

CANMAKE
マシュマロフィニッシュパウダー

廠商名稱●井田ラボラトリーズ
容量/價格●940 円

由日本藥妝店小資女品牌 CANMAKE 推出，可打造棉花糖般輕柔美肌的蜜粉。搭配兩種顆粒大小不同的粉體，能透過折射光線的方式，自然遮飾瑕疵，而且還能抗油防脫妝。

遮瑕膏

TRANSINO
薬用ホワイトニング
UV コンシーラー

廠商名稱●第一三共ヘルスケア
容量/價格●2.5g / 2,600 円

不只能遮瑕，還能發揮美白機能的遮瑕膏。搭配品牌招牌美白成分傳明酸，塗抹時可確實附著於黑斑等部位，發揮自然遮飾與美白保養效果。
（医薬部外品）（SPF50+・PA++++）

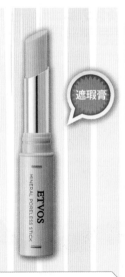

遮瑕膏

ETVOS
ミネラルポアレススティック

廠商名稱●エトヴォス
容量/價格●2.5g / 2,500 円

像是塗護唇膏一般，直接塗抹在 T 字部位上，就能讓粗大毛孔瞬間隱形，惱人油光也會隨之消失，堪稱是一款「塗抹型吸油面紙」。攜帶與使用上都相當方便，對於臉部容易出油的人來說，絕對是不可或缺的去油神器！

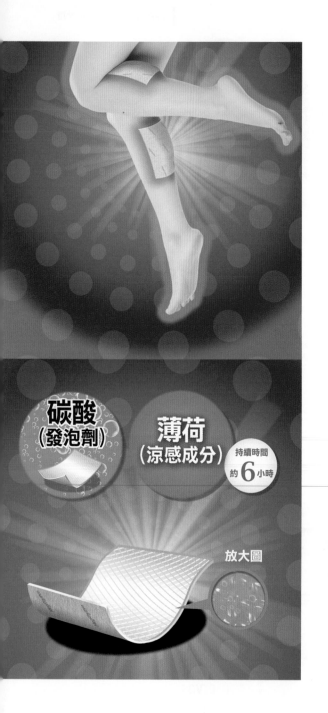

碳酸（發泡劑）

薄荷（涼感成分）

持續時間約 **6** 小時

放大圖

專為忙碌現代人雙腳而生
動了一天的你就選
炭酸で
やわらか足シート
／碳酸舒足涼感貼

　　推出「蒸氣眼罩」及「蒸氣溫熱貼（医療機器）」的花王美舒律，為照顧忙碌工作的現代人雙腿，在 2020 年 4 月推出全新的腿部貼片系列。藍色的碳酸舒足涼感貼，正是專為站立一整天或是走路一整天的雙腿所開發。

　　回到家後，只要將添加碳酸成分（起泡劑）的超柔軟貼片貼於小腿肚或是腳底，含有薄荷（清涼成分）的果凍凝膠貼片，就能持續散發 6 小時的舒服沁涼感，讓雙腿感覺變得輕盈且舒適。

　　到國外旅遊經常會逛街購物走到鐵腿，或是在主題樂園瘋狂奔跑一整天，所以回到飯店後，很適合貼著睡一整晚。貼片本身帶有薰衣草薄荷淡香，讓心情也變得好放鬆。

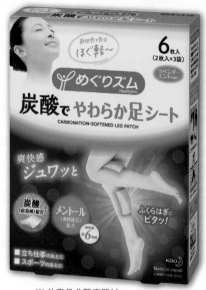

めぐりズム
炭酸でやわらか足シート

容量／價格 ● 6 片 / 570 円

※ 此產品非醫療器材

專為電腦工作或長時間移動後而生
不動如山的你就選
蒸気でじんわり
足シート
／蒸氣暖足溫感貼

令人感到舒服的祕密
在於滿滿的蒸氣

約40℃
蒸汽浴

拆封當下 ▶ 拆封5分鐘後
蒸氣持續散發
30分鐘

花王美舒律系列，向來以獨家專利的蒸氣發熱技術為傲，從賣翻天的蒸氣眼罩，到肩頸專用晚安貼與腰部專用的溫熱貼，都深受各族群喜愛。

在全新的腿部貼片系列當中，採用這項蒸氣技術的紅色蒸氣暖足溫感貼，正是為眾多現代上班族 OL 所開發的療癒小物。

使用時會產生約 40℃左右的蒸氣浴，且時間長達約 30 分鐘。打開包裝後開始增溫，使用時沒有時間地點限制，溫感蒸氣能確實呵護您疲累緊繃的雙腿。

對於許多現代人來說，無論是坐在辦公室一整天，或是飛行及坐電車等長時間的搭乘交通工具，都會讓雙腿感到緊繃，這時候就很適合讓蒸汽暖足溫感貼來呵護雙腿。柔軟的貼片可緊密貼合且不易脫落，推薦使用於小腿肚或是腳底。貼片本身為無香型。

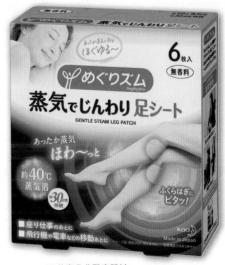

めぐりズム
蒸気でじんわり足シート

容量／價格● 6 片／ 570 円

※ 此產品非醫療器材

美妝雜貨

SCALP-D BEAUTÉ
ピュアフリーアイラッシュセラム

廠商名稱●アンファー
容量／價格●6mL／1,602 円

在日本狂銷熱賣的殿堂級睫毛美容液。只要輕輕塗抹在睫毛根部，獨家的奈米化睫毛強健護理成分，就能增添睫毛的強韌度、健康度以及捲翹度。

めぐりズム
蒸気でホットアイマスク（ラベンダー）

廠商名稱●花王
容量／價格●5 片／475 円

打開包裝，讓眼罩接觸空氣升溫後，就能為眼部進行一場 40℃ 的芳香蒸氣浴，時間約可持續 20 分鐘。適合在工作用眼一整天之後，用來放鬆疲勞的眼部，也推薦於長途飛行中使用，能讓身心得到舒緩與放鬆。

足すっきりシート
休足時間

廠商名稱●ライオン
容量／價格●18 片／735 円

添加五種能放鬆身心的草本成分，使用起來帶有舒服涼感的舒緩貼片。貼片上的高含水凝膠與薄荷清涼成分，能發揮不錯的冷卻效果，適合在洗澡後或睡覺時貼在小腿肚或腳底等部位，放鬆疲累了一天的雙腿。

優月美人
よもぎ温座パット

廠商名稱●グラフィコ
容量／價格●6 片／943 円

近來話題性十足的艾草蒸氣熱敷貼，適用於手腳冰冷或有生理疼痛問題的女性。使用時先將發熱體取出，上下搖晃數回後，黏貼於艾草墊片背膠中央處，然後將墊片貼合於內褲後即可享上。揉合艾草成分的墊片，會散發出舒緩的溫感，宛如在做艾草蒸氣浴般舒服（正值生理期或懷孕期間請勿使用）。

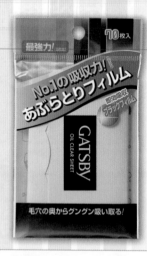

GATSBY
あぶらとり紙 フィルムタイプ

廠商名稱●マンダム
容量／價格●70 枚／280 円

專為男性驚人出油量所設計的一款吸油面紙，表面有許多能吸附皮脂微孔的吸油膜片。其實不只男性，任何容易滿臉油光，感覺一般吸油面紙根本不夠力的人，試試這包就對了！

DECORTÉ
フェイシャル ピュア コットン

廠商名稱●コーセー
容量/價格● 120 片／ 500 円

嚴選優質棉花製成，棉絮不易殘留在臉
上的化妝棉。質地偏厚，容易撕成好幾
片，很適合拿來沾濕化妝水進行全臉水
敷保養。

江原道
オーガニックコットン

廠商名稱●江原道
容量/價格● 80 片／ 686 円

無化學處理且未經漂白的有機化妝棉。
觸感相當細緻，就連嬰兒也可以使用。
擦拭時不易掉棉絮，所以特別適合搭配
卸妝水一起使用。

Silcot
うるうるコットン スポンジ仕立て

廠商名稱●ユニ・チャーム
容量/價格● 40 組 (80 片)／ 198 円

利用絨毛漿與人造絲所製成，能像海綿
般吸水後，再完全向外釋放。特殊的曲
線剪裁，可服貼於眼鼻等部位，很適合
搭配化妝水作濕敷保養。相較於一般化
妝棉，化妝水的用量大約只需一半。

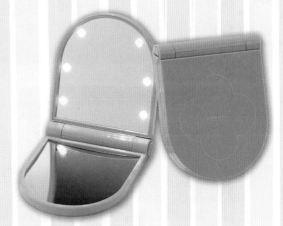

ROSY ROSA
ジェリータッチスポンジ ハウス型 6P

廠商名稱●ロージローザ
容量/價格● 6 個／ 480 円

前端較尖呈房屋型，可沾水使用、觸感Q彈
的化妝海綿。能為臉頰等大範圍快速上妝，
同時，也能使用前端較尖的部分，輕鬆搞定
鼻翼、下眼線、眼頭等部位，讓妝容更精緻。

KOBAKO
コスメティックミラー

廠商名稱●貝印
容量/價格● 3,700 円

等倍鏡與 10 倍放大鏡合為一體的攜帶式化妝
鏡。等倍鏡那端附有 6 顆 LED 燈，就算周圍
環境再暗，也能照得一清二楚。10 倍放大鏡
清晰不扭曲，方便在為細微部位上妝時使用。

日本人的生活 STYLY

PART 7

Bioré u
ザ ボディ泡タイプ

廠商名稱●花王
容量/價格●540mL / 748 円

特殊的三層起泡網壓頭設計，讓每一次擠出來的沐浴泡，都像是鮮奶油一樣細緻柔嫩。搭配高滑順配方，即使只是輕輕滑過身體，也能把全身肌膚洗得一乾二淨，再也不必擔心因過度搓洗造成肌膚傷害了。

清々しいヒーリングボタニカルの香り／清新草本香　　ピュアリーサボンの香り／純淨皂香　　ブリリアントブーケの香り／優雅花香

CareCera
泡の高保湿ボディウォッシュ

廠商名稱●ロート製薬
容量/價格●450mL / 907 円

專為反覆乾荒的敏感肌所開發，採用多種神經醯胺與植萃保濕成分的沐浴泡，不會讓肌膚愈洗愈乾燥。有別於市面上多數敏感肌沐浴用品的無香味，這款特別添加了低刺激性的香氛成分，使用時心情會更加愉悅。

ピュアフローラルの香り／清新花香　　フルーティローズの香り／果調玫瑰香　　ボタニカルガーデンの香り／草本花香

hadakara
ボディソープ
泡で出てくるタイプ
フローラルブーケの香り

廠商名稱●ライオン
容量/價格●550mL / 700 円

採用吸附保濕技術，能保護肌膚原有的滋潤感不會在沐浴過程中流失的沐浴泡。香味採用同系列沐浴乳中最早上市，也是人氣指數最高的定番優雅花香調。

アトピタ
保湿全身泡ソープ

廠商名稱●丹平製薬
容量/價格●350mL / 1,250 円

即使肌膚敏弱的嬰幼兒也能使用的沐浴泡。濃密泡泡是以胺基酸潔淨成分為基底，搭配艾草萃取物等多種潤澤保濕成分。洗淨力溫和，一瓶就能從頭洗到腳。

MEN'S Bioré
ONE オールインワン全身洗浄料

廠商名稱●花王
容量/價格●480mL / 880 円

男性專用的 ALL IN ONE 全效沐浴乳，不只能洗身體，也能洗頭髮！針對男性皮脂分泌旺盛的特質，研發出高洗淨凝膠技術，就連背部及頭皮的頑強皮脂，也都能確實洗淨，清爽不殘留。

フルーティーサボンの香り
/ 果調皂香

ハーバルグリーンの香り
/ 草本清香

フローラルサボンの香り
/ 花調皂香 (潤澤型)

Lamellance
ボディウォッシュ

廠商名稱●クラシエ
容量/價格●480mL / 700 円

有些沐浴用品所添加的界面活性劑較具刺激性，容易在清潔肌膚時滲入到角質層，對維持肌膚油水平衡的層狀結構造成破壞，進而引發乾燥問題。而 Lamellance 沐浴乳系列，號稱不會破壞肌膚屏障，同時還能讓滋潤成分深入層狀結構的縫隙中，特別適合肌膚經常感覺乾燥的人使用。

アクアティックホワイトフローラル
/ 水感白花香

アロマティックフラワーリッチ
/ 精油暖花香

フレッシュシャインオアシス (さらっとタイプ)
/ 海洋花果香 (清爽型)

hadakara
ボディソープ

廠商名稱●ライオン
容量/價格●500mL / 600 円

LION 誕生於 2016 年的沐浴乳品牌，由於獨特的使用感與保濕效果，甫上市即成為各大美容雜誌美妝榜的常客。採用獨特吸附保濕配方，即使用水沖淨，沐浴乳當中的保濕成分仍會停留在身體表面，讓肌膚持續水潤不乾燥。

フローラルブーケの香り
/ 優雅花香

アクアソープの香り
/ 奢華皂香

シトラス＆カシスの香り
/ 柑橘清香

ピュアローズの香り
/ 純淨玫瑰香

NIVEA
エンジェルスキン ボディウォッシュ

廠商名稱 ●ニベア花王
容量／價格 ● 480mL／545 円

添加角質潔淨成分與優格美肌成分的天使肌沐浴乳。只要像平常一樣用這瓶沐浴乳洗澡，不需特別搓洗或搭配沐浴巾，就能輕鬆洗淨全身肌膚表面的老廢角質與毛孔髒污，讓膚觸更加滑嫩舒爽。

サボン＆ブーケの香り／鮮花皂香

フラワー＆ピーチの香り／桃果花香

カシス＆ハーブの香り／草本果香

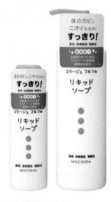

コラージュフルフル 液体石鹸

廠商名稱 ●持田ヘルスケア
容量／價格 ● 100mL／1,200 円　250mL／2,500 円

市面上相當少見的抗菌沐浴乳。添加抗真菌配方和殺菌成分，能針對黴菌喜歡棲息環境進行徹底清潔。適合身體、背部容易冒痘痘及有抗菌清潔需求的人使用。(医薬部外品)

Prédia
ファンゴ ボディソープ na

廠商名稱 ●コーセー
容量／價格 ● 300mL／1,200 円　600mL／2,000 円

搭配天然海泥並融合海洋深層水的奢華保濕沐浴乳。獨特草本木調香味的濃密沐浴泡，能確實潔淨肌膚與毛孔髒污，同令人放鬆身心。適合夏季或容易流汗的季節使用。

softymo
ナチュサボン セレクト ホワイト ボディウォッシュ

廠商名稱 ●コーセーコスメポート
容量／價格 ● 500mL／580 円

自然素材比例高達 85%，採用多種植萃潔淨與保濕成分的沐浴乳。不只能夠溫和洗淨肌膚老廢角質與髒污，更搭配椰果萃取油與乳油木果油，能提升沐浴後的滋潤度。

DEOCO.
薬用ボディクレンズ

廠商名稱 ●ロート製薬
容量／價格 ● 350mL／1,000 円

近期人氣急速升高，專為女性體味問題所研發的抗菌抑味沐浴乳。搭配抑菌抗發炎成分，可在穩定肌膚狀態的同時，確實抑制異味產生。沐浴乳當中的白泥，也能有效吸附肌膚上的異味分子，是在炎炎夏日裡也能隨時散發清爽香氣的沐浴聖品。(医薬部外品)

MINON
全身シャンプー さらっとタイプ

廠商名稱 ●第一三共ヘルスケア
容量／價格 ● 450mL／1,400 円

來自乾燥敏感肌專業保養品牌，適用於身體肌膚有乾燥困擾，以及皮脂分泌過多引發痘痘問題的人使用。泡沫容易沖淨且觸感清爽不黏膩。帶有清新綠茶香，是敏感肌沐浴用品中少見具有香味的一款。(医薬部外品)

CLEANSING RESEARCH
ボディクリアソープしっかり角質クリア

廠商名稱 ● BCL
容量／價格 ● 400mL／1,000 円

搭配果酸代謝角質成分，可在每天沐浴時溫和洗淨全身肌膚老廢角質，讓觸感總是粗糙的手臂與背部，摸起來變得格外柔滑細緻。搭配保濕與收斂成分，香氣清新怡人，十分適合在夏季使用。

身體保養
護唇膏

DHC
薬用リップクリーム

廠商名稱 ● DHC
容量／價格 ● 1.5g／700 円

日本藥妝店裡經常被狂掃一空
的超人氣護唇膏。添加橄欖油
與蘆薈萃取物等植物成分，可
在雙唇表面形成潤澤層，讓乾
燥雙唇散發出健康的光澤感。
(医藥部外品)

Mentholatum
メルティクリームリップ（抹茶）

廠商名稱 ● ロート製薬
容量／價格 ● 2.4g／450 円

唇膏在接觸嘴唇的瞬間，會化為濃密乳霜
狀，不但能防止嘴唇水分蒸發，還能捕捉空
氣中的水分子。原本為限定品的抹茶風味，
因為市場反應熱烈而成為常態商品。
(SPF25・PA+++)

Mentholatum
ディープモイスト

廠商名稱 ● ロート製薬
容量／價格 ● 4.5g／450 円

樂敦製藥最具代表性的小護士高保濕護唇
膏。添加玻尿酸、乳油木果油、荷荷芭油與
維生素 E 等多重潤澤保濕成分，能確實滋潤
乾燥的雙唇。獨特的橢圓造型，不僅能快速
塗抹，放在桌上也不會亂滾。深藍版本更具
有防曬機能。(SPF25・PA+++)

無涼感　　　　　薄荷涼感

NIVEA
ディープモイスチャーリップ

廠商名稱 ● ニベア花王
容量／價格 ● 2.2g／525 円

採用高保水型持續潤澤膜配方，輕輕一抹，
護唇成分就會隨之化開，並持續服貼於雙唇。
除橄欖油與蜂蜜等五大保濕潤澤成分之外，
還搭配維生素 E 與甘草酸酯，可安撫乾荒不
穩定的雙唇。（ 医藥部外品)(SPF20・PA++)

無香料
／無香

はちみつの香り
／蜂蜜香

オリーブ＆レモン
／檸檬橄欖香

バニラ＆マカダミア
／香草胡桃香

CareCera
高保湿リップクリーム

廠商名稱 ● ロート製薬
容量／價格 ● 4.5g／800 円

衍伸自樂敦製藥的乾燥敏感
肌保養品牌，添加多重鎖水
成分神經醯胺的超保濕護唇
膏。溫和不刺激，只要輕輕
一抹，就能讓超柔凡士林基
底的護唇膏完全包覆雙唇，
即使嘴唇容易乾裂也不怕。

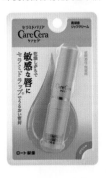

Curél
リップケアバーム

廠商名稱 ● 花王
容量／價格 ● 4.2g／1,200 円

質地極為濃密，是眾多日本
藥妝通大力推薦的一款晚安
護唇罐。只要輕輕抹上一
層，就能在雙唇表面形成防
護，不管周圍環境再乾燥，
隔天起床後，雙唇依然滋潤
保濕，散發出健康的光澤
感。（ 医藥部外品)

do organic
コンデンスト リップ バーム

廠商名稱 ● ジャパン・
オーガニック
價格 ● 2,500 円

由日本國產有機保養品牌推
出，融合了7種植萃精油與
有機素材，再搭配鎖水成分
神經醯胺的一款抗齡潤澤護
唇膏。香味方面也相當講
究，調合天竺葵、佛手柑、
洋甘菊和胡椒薄荷等100%
有機精油，層疊出優雅清新
的絕妙香氣。

Yuskin
リリップ ケアスティック

廠商名稱 ● ユースキン製薬
容量／價格 ● 3.5g／760 円

出自老牌護手霜悠斯晶的護唇膏。除招牌的黃色成分
維生素 B$_2$ 之外，還搭配維生素 E 和甘草酸酯，不僅滋
潤度極佳，還能集中修護乾裂的雙唇。（ 医藥部外品)

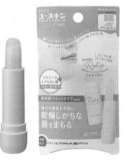

LISSAGE MEN
アロマティッククリーム

廠商名稱●カネボウ化粧品
容量/價格●200g / 2,700 円

融合膠原蛋白研究結晶,專為男性特有膚質
所開發的無油感身體乳。搭配多種保濕成
分,揉合花果與木調精油,香氣清新宜人,
膚觸滑順不黏膩,是型男保養肌膚不可或缺
的單品。

BIODERMA
ピグメンビオ
ホワイトセンシティブクリーム

廠商名稱● NAOS JAPAN
容量/價格●75mL / 2,500 円

貝膚黛瑪雖然是來自法國的品牌,但美白系
列目前於亞洲地區僅在日本上市。這條美白
身體乳,是專為手肘、膝蓋、腋下以及大腿
內側等部位,因乾燥或摩擦而變黑的肌膚所
研發。除此之外,也很適合在除毛後用來穩
定肌膚狀態。

Curél
ローション

廠商名稱●花王
容量/價格●220mL / 1,300 円

質地滑順、延展性高,從臉部到身體都可以
使用,是一款清爽不具黏膩感的身體乳。搭
配獨家保濕成分與抗發炎劑,可用來安撫乾
荒的不穩肌,從孩童到長輩全齡適用。
(医薬部外品)

PROUDMEN.
グルーミングバーム
グルーミング・シトラスの香り

廠商名稱●ラフラ・ジャパン
容量/價格●40g / 2,800 円

一款具備保濕效果的體香膏,
是 PROUDMEN. 男性保養系列中的經典商
品。能針對頸部等容易因為刮鬍而顯得乾燥
的部位加強保濕,同時持續散發迷人的澄淨
香氛,特別適合上班族或商務人士使用。

アトピタ
保湿全身ミルキィローション

廠商名稱●丹平製薬
容量/價格●120mL / 650 円

專為肌膚敏弱的嬰幼兒所開發,重視保濕潤
澤度與溫和使用感的身體乳。未添加防腐
劑,且不含酒精與刺激成分,適合在沐浴後
為小朋友塗上,把水分都留在肌膚當中。

つぶぽろん
つぶぽろん EX

廠商名稱●リベルタ
容量/價格●1.8mL / 1,750 円

只要每天早晚刷一刷,就能跟脖子、胸前和
手上礙眼的小肉芽說掰掰!透過薏仁萃取物
等 18 種和漢成分,針對角質堆積所形成的
脂肪粒加以軟化,並搭配前端柔軟矽膠刷頭
輕輕摩擦,就能逐漸代謝掉惱人的小肉芽。

身體保養
足部保養

Baby Foot
イージーパック DP60 分タイプ

廠商名稱 ● リベルタ
容量/價格 ● 10mL / 1,600 円

主成分是能夠軟化角質的凝膠，搭配 17
種植萃保濕成分，只要像穿襪子般套在
雙腳上，等待 60 分鐘後沖洗乾淨，約
過一週，就能使造成腳皮乾燥粗硬的陳
年頑固角質脫落，讓雙腳變得彷彿小
Baby 般柔嫩嫩。

なめらかかと
スティック

廠商名稱 ● 小林製藥
容量/價格 ● 30g / 730 円

將橄欖油與角鯊烷等潤澤成分融合在凡士林
當中，可用來軟化乾硬皮膚的一款腳跟保濕
棒。使用方式跟護唇膏一樣，轉出後就能直
接塗抹於後腳跟，不會弄髒雙手。也能用於
手肘或膝蓋等其它容易乾燥的部位。

フットメジ
足用角質クリアハーブ石けん

廠商名稱 ● グラフィコ
容量/價格 ● 65g / 839 円

添加多種草本保濕成分的足用去角質皂，搭配蒟蒻與杏桃種子所製成的磨砂微粒，
只要放進專用網袋中直接清洗腳底，就能簡單洗淨老廢角質，讓觸感更加細滑柔
嫩，就連雙腳異味也會得到明顯改善。

ハーブ
/ 清新草本香

フローラルピーチ
/ 蜜桃鮮花香

ラベンダーカモミール
/ 薰衣草洋甘菊香

NIVEA
ニベア クリーム

廠商名稱 ●ニベア花王
容量/價格 ●169g/570円

妮維雅是來自德國的護膚品牌，但在日本當地的產品絕大部分都是依照亞洲人膚質所量身打造的日本製產品，包含這罐大家再也熟悉不過的妮維雅乳霜。添加角鯊烷與荷荷芭油，能潤澤全身肌膚不受乾冷空氣傷害，可說是全家大小從頭到腳都適用的身體乳霜。

AYURA
アロマハンド

廠商名稱 ●アユーラ
容量/價格 ●50g/1,800円

2019年曾獲美妝排行獎項的香氛護手霜。基底是能潤澤手部肌膚的吸附型玻尿酸與乳油木果油，更針對手指容易乾裂粗糙的問題，添加了柔軟保濕成分。清新有層次的草本香調，能讓人在塗時感覺格外放鬆愉悅。

米肌
肌潤ハンドトリートメント

廠商名稱 ●コーセー
容量/價格 ●30mL/900円

主要保濕成分是高絲最拿手的精米效能淬取液No.7，同時搭配9種美肌成分，堪稱一款精華液等級的護手霜。不但能確實滋潤雙手，還具有潤色效果，能讓略顯暗沉的手部肌膚變得透亮有光澤。

Yuskin
hána ハンドクリーム

廠商名稱 ●ユースキン製藥
容量/價格 ●50g/700円

來自維生素乳霜老廠品牌「悠斯晶」的花香系列。添加維生素E與維生素B₆等品牌靈魂保養成分，搭配高滲透乳霜製劑，能長時間發揮卓越保濕力。從包裝、效果到香氛，都深受日本年輕女性青睞，成為近年來人氣指數持續攀升的護手霜系列。

ジャスミン
/茉莉花香

ユズ
/柚子香

ジャパニーズローズ
/日本玫瑰香

ラベンダー
/薰衣草香

カモミール
/洋甘菊(無香)

WONDER Honey
とろとろハンドクリーム

廠商名稱 ● BCL
容量/價格 ● 50g / 800 円

添加保濕成分蜂王漿萃取物，
使用起來感覺相當濃密，卻又
不會殘留黏膩感的護手霜。多
種獨特香味，搭配不同包裝插
畫設計，讓任何人都能找到自
己喜歡的專屬護手霜。

シトラスソルベ
/ 柑橘雪酪

朝摘みマートル
/ 鮮採香桃木

メイプルハニー
/ 甜蜜楓糖

スウィートピオニー
/ 鮮甜芍藥

お花の果実ジュレ
/ 花果鮮凍

菊正宗
正宗印 ハンドクリームセラム

廠商名稱 ● 菊正宗酒造
容量/價格 ● 70g / 900 円

採用日本酒保養作為主題的護手精華乳。除了日本酒之外，還
添加釀酒用的白麴萃取物、5 種維生素、12 種胺基酸、3 種神
經醯胺、熊果素、米糠油以及米胚芽油等豪華保濕潤澤成分。
使用起來手感不黏膩也不油膩，卻能長時間維持滋潤度。

Mentholatum
ハンドベール
プレミアムリッチバリア

廠商名稱 ● ロート製藥
容量/價格 ● 70g / 670 円

添加抗菌、修復及保濕成分的防
禦型護手霜。塗抹之後，就能在
雙手肌膚表面形成一道服貼的保
護膜，就算碰到水，也不容易被
沖洗掉，能延長保護雙手的時間。

&nail
ボタニカルクリアコート

廠商名稱 ● 石澤研究所
容量/價格 ● 10mL / 1,600 円

輕輕搽兩下，就能利用植萃保養成分與天然樹脂來
保護脆弱易斷的指甲。搽完後，指甲會呈現出健康
的光澤感，並散發舒服沉穩的墨角蘭香味。

Dr.Nail
ディープセラム

廠商名稱 ● 興和
容量/價格 ● 3.3mL / 2,600 円

這幾年人氣爆棚，就連許多美甲沙龍也都紛紛
引進的斷甲救星。能針對指甲太薄、容易斷裂，
或是容易長出縱向紋路等問題加以修復。只要
像搽指甲油一樣，將修護液搽在指甲上，就能
讓指甲愈長愈健康。

無香

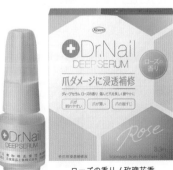

ローズの香り / 玫瑰花香

尷尬的頭皮異味掰掰！
讓妳髮絲飄香一整天
merit PYUAN

堪稱日本藥妝店裡最美的洗潤髮系列——merit PYUAN 自上市以來，就在 Instagram 網紅圈引起不小的討論聲浪。高質感瓶身設計，是結合了藝術家、攝影師、時尚設計師、插畫家以及時尚生活專賣店等不同業界代表人物的合作結晶，搭配不同嚮往風格且別具層次感的香味，讓眾多日本年輕女性愛不釋手。

蜜桃＆甜李

百合＆皂香

香水檸檬＆向日葵

葉子＆鈴蘭

玫瑰＆紅加侖

メリット ピュアン
merit PYUAN

シャンプー／洗髮精
容量/價格● 425mL / 725 円
コンディショナー／潤髮乳
容量/價格● 425mL / 725 円

洗髮精特色

　　輕輕鬆鬆就能搓揉出濃密泡沫，洗後頭皮清爽舒適。洗淨成分能滲透清潔，將容易造成頭皮氣味的皮脂污垢及黏膩感清洗乾淨。

潤髮乳特色

　　不只能讓洗後的秀髮滑順柔軟不卡手，潤髮乳當中的長效香氛膠囊還會停留在頭皮上，並在接觸汗水與水分時產生反應。從早到晚，只要髮絲一動，就會散發出富有層次的香味。

| Action 香水檸檬＆向日葵 | Natural 葉子＆鈴蘭 | Circle 蜜桃＆甜李 | Daring 玫瑰＆紅加侖 | Unique 百合＆皂香 |

單手就能簡單擠壓出洗髮泡

小朋友一個人也能自己洗頭
merit kid's

花王旗下的メリット（merit）是日本長銷 50 年的洗潤髮品牌。自 1970 年誕生以來，就持續順應時代背景、使用需求以及生活習慣而不斷改良配方，成為日本人心目中的定番洗潤髮經典品牌。

為了讓小朋友能更開心的洗頭髮，同時也訓練小朋友自己洗髮，merit 便針對小朋友洗頭髮時常遇到的問題加以改良，推出這款日本兒童洗髮產品市占率極高的兒童專用泡泡洗髮精。

特色 1
只要簡單一壓！就能擠出洗髮泡

就連小朋友都可以順利按壓的壓頭設計。輕輕一按，就能擠出綿密的洗髮泡。不需要額外搓洗起泡，即使是第一次自己洗頭的小朋友，都能夠簡單上手。

特色 2
汗臭味還有髒污都能徹底洗淨

綿密的洗髮泡，能確實包覆並潔淨頭髮與頭皮上的汗水臭味及髒污。不僅如此，洗髮泡也很容易被水沖淨，讓小朋友洗頭時更輕鬆愉快。

特色 3
安心使用

與頭髮及頭皮相同帶有弱酸性，而且是易沖洗的無矽靈配方。洗後帶有淡淡的自然花香，對小朋友來說也不會太過於刺鼻。

**メリット
さらさらヘアミルク**

容量/價格● 180g / 700 円

merit 兒童護髮乳。推薦給髮絲較細，洗完頭髮容易糾結在一起的小朋友使用。與頭髮及頭皮相同帶有弱酸性，淡淡的自然溫和花香，讓洗頭更愉快。

**メリット
泡で出てくるシャンプー Kid's**

容量/價格● 300mL / 600 円

merit 兒童泡泡洗髮精，和頭皮相同的弱酸性，輕輕一按就能擠出綿密泡沫，讓小朋友也能輕鬆自己練習洗髮。

洗潤護髮

OILY
／油性頭皮用洗髮精

DRY
／乾性頭皮用洗髮精

コンディショナー
／頭皮養護髮膜

SCALP-D
薬用スカルプシャンプー
薬用スカルプパックコンディショナー

廠商名稱●アンファー
容量／價格●各 350mL／3,612 円

由日本專業級頭皮護理專家，針對男性特有頭皮生理環境所研發的洗潤系列。目前已進化到第 14 代，解開了頭皮與膠原蛋白間的關聯性，除添加 5 種柔化頭皮成分之外，更搭配 7 種可維持頭髮與頭皮健康的營養成分，適合在意頭皮健康狀態與髮量問題的男性使用。
（医薬部外品）

PROUDMEN.
グルーミング
スカルプシャンプー

廠商名稱●ラフラ・ジャパン
容量／價格● 300mL／2,300 円

採用胺基酸潔淨成分，能確實洗淨男性頭皮髒污的無矽靈洗髮精。使用起來帶有溫和的清涼感，不只能夠改善頭皮出油與頭皮屑問題，連髮絲也能顯得強韌有彈性，同時帶有宜人清爽香氣。

SCALP-D　BEAUTÉ
薬用スカルプシャンプー［ボリューム］
薬用トリートメントパック［ボリューム］

廠商名稱●アンファー
容量／價格●各 350mL／3,612 円

鎖定女性頭皮健康與掉髮問題所開發的洗潤組。添加 3 種富含大豆異黃酮的植萃成分，同時融合頭皮中也存在的膠原蛋白，以及10 多種養護頭皮與頭髮的植萃成分。適合想要確實清潔頭皮，同時讓髮絲更加強韌有彈力，髮量看起來具豐盈感的人。
（医薬部外品）

STEPHEN KNOLL NEW YORK
カラーコントロール
シャンプー／コンディショナー

廠商名稱●コーセー
容量／價格●各 500mL／1,600 円

專為染髮女性所研發的護色洗潤組。採用獨家技術，從外到內修護每一根因染髮而受損的髮絲，並利用美髮護色成分收斂與包覆毛鱗片，不只能輔助維持染好的髮色，連髮尾摸起來也能輕柔滑順，絲絲動人。

Dear Beauté HIMAWARI
オイルインシャンプー
オイルインコンディショナー
（リッチ＆リペア）

廠商名稱●クラシエ
容量/價格●（洗）500mL / 900 円
　　　　　（潤）500mL / 900 円

添加有機葵花油與三種葵花萃取保濕成分，
能幫助髮絲維持良好油水平衡，而且還能修
護受損髮絲，改善頭髮毛躁亂翹、不聽話的
問題。洗完後，髮絲會散發出充滿陽光感與
清透感的優雅花香。

BIOLISS Botanical
シャンプー／コンディショナー
（エクストラエアリー）

廠商名稱●コーセーコスメポート
容量/價格●各480mL / 680 円

高絲開架洗潤系列中，近幾年相當火紅的人
氣品牌。綠色的植萃超空氣感版本，主打特
色在於利用冷凍技術萃取有機荷荷芭油，可
增添髮絲的光澤度，同時又能讓洗後的秀髮
充滿空氣感，輕盈不黏膩。

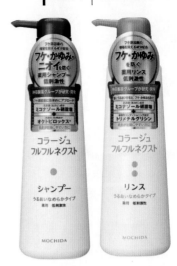

コラージュ
フルフルネクスト
シャンプー／リンス

廠商名稱●持田ヘルスケア
容量/價格●各400mL / 3,000 円

適合乾燥敏感性頭皮使用的洗潤系列。添加
抗真菌與殺菌抗氧化成分，能有效應對黴菌
所引起的頭皮癢以及嚴重頭皮屑等問題，同
時還能維持毛髮油水平衡，讓髮質更健康亮
麗。（医薬部外品）

Mentholatum
メディクィック H
頭皮のメディカルシャンプー

廠商名稱●ロート製薬
容量/價格●320mL / 1,700 円

樂敦製藥結合抗真菌與抗發炎成分，針對不
管怎麼洗頭皮還是癢個不停的問題，推出了
這款能抑菌同時應對頭皮發炎狀況的洗髮
精。使用起來帶有舒服的清涼感，洗潤合一
設計，不必再另外使用潤髮乳。
（医薬部外品）

Prédia
ファンゴ ヘッドクレンズ SPA

廠商名稱●コーセー
容量/價格●250g / 2,000 円

採用富含礦物質的海洋深層水，以及具有美
肌效果的溫泉水作為基底，使用起來帶有舒
適清涼感的無泡沫洗髮霜。濃密的乳霜狀質
地，不但能有效率地清潔頭皮與毛孔髒污，
還能用來按摩清潔頭皮，促進血液循環，讓
髮絲更健康、更強韌。

TERRAMS
エデンの女神

廠商名稱●石澤研究所
容量/價格●280g / 1,800 円

能同時潔淨頭皮與毛孔髒污，沖淨後感覺清
爽不黏膩的無泡沫洗髮霜。搭配 15 種植萃
精油成分，能透過濃密的乳霜質地修復受損
秀髮。使用後，髮間會飄散出沁涼怡人的薄
荷香氣。

融合東洋傳統美容概念及現代科學，品牌精神為展現東方女性秀髮之美的 ASIENCE。繼去年推出 ASIENCE 護髮產品中最濃密的複合美容油護髮膜後，2020 年接著推出同系列的全新洗潤系列。

亮黑卻優雅的瓶身上，點綴著華麗的金色元素。這樣的設計，完美反映出利用奢華美容油呵護東方女性秀髮的意象。

針對染髮、吹整以及環境因子造成的髮絲受損與乾燥問題，ASIENCE 濃密美容油洗潤系列採用濃密泡溫和滋潤洗淨技術，搭配深層滲透複合美容油成分 *，能防止秀髮毛躁，打造出彷彿能夠融化於指尖的滑順秀髮。特別適合髮尾總是乾燥亂翹，或是經常染髮、燙髮導致髮絲受損的人使用。

* 奢華的八種天然美容素材，搭配具備修復及保水作用的蘋果酸，讓受損髮絲也能找回昔日的滑順觸感。

摩洛哥堅果油 *¹	尤加利萃取物	柑橘油
荷荷芭油	石榴萃取物	柚子萃取液
玫瑰果油 *²		葡萄籽油 *³

※ 示意圖 *1 刺阿幹樹仁油 *2 狗牙薔薇果油 *3 葡萄籽油

專為受損及毛躁髮質所設計

奢華洗潤系列

アジエンス濃密オイルケア シャンプー・コンデイショナー

アジエンス
濃密オイルケア

シャンプー／洗髮精
容量／價格 ● 450mL ／ 880 円
コンディショナー／潤髮乳
容量／價格 ● 450mL ／ 880 円

滑順不黏膩

實現完美髮質的 5 in 1 護髮油
Essential CC OIL

女性每天出門前必要的熱吹整、環境當中的靜電與乾燥氣候，再加上擁有迷人髮妝造型所需的染燙髮…

這些圍繞在現代女性身邊的常見因子，都會導致髮絲受損而顯得毛躁無光澤。不過護髮油最令人詬病的問題，不外乎是價格偏高、使用麻煩耗時，以及使用後雙手與頭皮都會殘留不舒服的黏膩感。

對於這些令人對護髮油望之卻步的問題，花王逸萱秀推出了高 CP 值的 CC 護髮油，不只具有修復及潤澤效果，更包含速乾、好吹整以及髮流柔順等五大機能。價格平實，任何人都能輕鬆入手。不黏膩的使用感，能呵護受損的髮絲毛鱗片，讓秀髮帶有滑順觸感與健康光澤。

エッセンシャル
CC OIL

容量/價格 ● 60mL / 760 円

不怕靜電
熱吹整與摩擦
修復 & 預防
髮絲受損

髮根髮尾
均散發
自然光澤

髮絲根根
分明不糾結
吹整速乾

實現完美髮感的
5 in 1 CC OIL

預防髮尾
不亂翹
隔天髮絲好聽話

髮流不紊亂
電棒捲
快速搞定髮型

不黏膩
的護髮油

濃密泡完整包覆均一染色

美髮沙龍的調色概念
リーゼ泡カラー

　　花王莉婕泡沫染髮劑使用起來相當方便，且顏色選擇多達 22 種，任何人都能找到適合自己或是想要的顏色，因此在日本年輕女性間的支持率相當高。

　　說到莉婕泡沫染髮劑的最大特色，就是那濃郁的泡沫質地。在均勻根根包覆髮絲的泡沫幫助下，就算是手殘也能染出沒有髮色斷層的完美效果。在毛髮保護成分「水解絲精華」的呵護之下，染後的髮絲潤澤滑順，用手指就能輕輕梳開。

　　莉婕泡沫染髮劑的開發靈感，來自日本的美髮沙龍，為打造具有清透感的髮色，採用了沙龍級色彩設計，在每個顏色當中，都加入灰色系或藍色系的色調。另外，不需要事先漂白，就能簡單染出想要的顏色。

ナチュラルシリーズ／ Natural Series

柔美的自然棕色調系列。除自然棕感之外，也有偏紅的暖色棕感及偏灰的冷色棕感。

デザインシリーズ／ Design Series

百變迷人色調系列。適合喜歡挑戰各種色調，追求時尚魅力的人。

NEW

リーゼ（Liese）
泡カラー

容量／價格●一組／ 760 円
（ 1 液 34mL・2 液 66mL・沖洗式護髮乳 8g）

2WAY カラー／ 2WAY Color

2020 年春季推出的設計髮妝 Style 系列新品。透過光線強弱大玩光影視覺，讓髮色在室內外會因亮度差異而有不同的展現方式。

集結花王染髮研發技術結晶

純天然成分讓你無負擔
找回烏黑秀髮
リライズ

一般染髮劑重複使用後會造成秀髮損傷，染髮前的準備工作暨耗時又繁複，染髮時的成分及氣味也令人相當在意……，有好多原因，都可能造成染髮時的壓力。

針對將白髮染黑的需求，花王集結多年來的染髮研究結晶，與日本清酒老廠技術合作，從貓豆當中萃取出天然的染髮成分，推出這款白髮專用的染髮劑「Rerise 瑞絲」（リライズ）。

瑞絲的染髮原理很簡單，就是讓來自天然素材的髮黑色素原料附著於髮絲表面，所以能夠自然的修飾髮色。

瑞絲屬於無需預先進行敏感測試就能使用的保養品。使用後不傷髮質、不容易染黑頭皮及髮際線的肌膚，而且沒有刺鼻味，也不會弄髒浴室。另外，就算是隔一段時間褪色後，也是呈現黑灰色，不會變成紅色等其他顏色。

リライズ (Rerise)
白髮用髮色サーバー

容量/價格 ● 155g / 2,700 円

瑞絲髮色復黑菁華乳的使用方法

洗完頭髮並稍微擦乾之後，擠出適量的染髮膏（短髮約 3 ～ 4 個乒乓球大小的量），從髮根均勻塗在髮絲上，等待 5 分鐘之後，再用水沖淨即可。不過有一點需要特別注意，就是瑞絲的染髮原理是讓天然成分逐批附著於髮絲，因此一開始必須於一週內使用三次。等到白髮變得不明顯後，只要每週一次以髮根為中心進行補染即可。想到就可以馬上使用，因此也更容易持續下去。

まとまり仕上げ／柔順型

能使髮根到髮尾呈現柔順狀態

ふんわり仕上げ／蓬鬆量感型

能使髮根站立，讓頭髮呈現蓬鬆狀態

Dear Beauté HIMAWARI
トリートメントリペアミルク

廠商名稱 ● クラシエ
容量/價格 ● 120mL / 900 円

可同時修復受損髮絲，並維持秀髮油水平衡的
護髮乳。在高濃度有機葵花油與維持髮絲健康
成分的呵護下，秀髮不僅能散發出健康光澤，
而且不會因為空氣濕度過高而亂翹不易吹整。

TSUBAKI
プレミアムリペアマスク

廠商名稱 ● 資生堂
容量/價格 ● 180g / 1,180 円

採用創新護髮科技，能讓山茶花籽油、
水解珍珠蛋白、蜂王漿、胺基酸以及甘
油等保濕、潤澤、修復成分，快速滲透
至每根髮絲。只要塗抹一層在秀髮上，
不需靜置等待，立即用水沖淨，就能讓
秀髮像是上過美髮沙龍般滑順有光澤。

BIOLISS Botanical
トリートメントミルク
（リペア & モイスト）

廠商名稱 ● コーセーコスメポート
容量/價格 ● 100mL / 780 円

強化修護機能與潤澤機能的護
髮乳。基底是系列共通的冷萃
有機荷荷芭油與摩洛哥堅果油，
再搭配多種植萃保濕潤澤成分，
能徹底呵護受損的毛鱗片，讓
秀髮觸感更加滑順輕柔。

La Sana
海藻 ヘア エッセンス しっとり

廠商名稱 ● ヤマサキ
容量/價格 ● 75mL / 2,800 円

濃縮法國布列塔尼海藻萃取物等多種
自然保濕成分，製程中未添加任何一
滴水的高濃密護髮精華露。擁有優秀
的密集護理力，能讓髮絲柔順聽話好
整理。搭配 4 種潤澤成分，使秀髮
隨時隨地散發出健康光澤感。

MONDAHMIN 兒童漱口水

為強化口腔及牙齒清潔,在日本,許多家長都會讓小朋友養成刷牙後,或是吃完點心後,使用含 CPC 殺菌成分漱口水的好習慣。

モンダミン Kid's

廠商名稱 ●アース製薬
容量/價格 ●250mL / 398 円
香味 ●(紅)草莓口味(藍)葡萄口味

不含酒精,使用起來完全沒有刺激感的兒童專用漱口水。只要簡單漱口 20 秒,就能使防止蛀牙的包覆成分 Shellac 以及殺菌成分 CPC,在牙齒表面形成雙重保護層,發揮預防蛀牙的效果。(医薬部外品)

適合幼兒園～小學低年級

© 2020 Peanuts Worldwide LLC

モンダミン Jr.

廠商名稱 ●アース製薬
容量/價格 ●600mL / 698 円
香味 ●綜合葡萄口味

不含酒精,是綜合葡萄加薄荷涼感的版本,適合不喜歡過甜口感、小學中年級以上的小大人。此一階段的學童,面臨換牙期齒列不整的問題,在牙齒清潔上會有較多死角,因此更需要藉由漱口水來輔助維持口腔清潔。(医薬部外品)

適合小學中年級～中學

© 2020 Peanuts Worldwide LLC

MONDAHMIN 兒童含氟凝膠

只要像刷牙一樣,將凝膠塗抹於牙齒上,刷完後不需要再用水漱口。緊密附著於牙齒表面的氟素,就能在睡覺時修復及強化牙齒表面,發揮預防蛀牙的作用,同時搭配 CPC 殺菌成分及 GK2 消炎成分。

適合小學中年級～中學

モンダミン Jr.
フッ素仕上げジェル
グレープミックス味

廠商名稱 ●アース製薬
容量/價格 ●80g / 350 円
香味 ●綜合葡萄口味

氟含量高達 950ppm,可強化保護換牙後的恆齒。(医薬部外品)

© 2020 Peanuts Worldwide LLC

適合 6 個月以上之嬰幼兒

モンダミン Kid's
フッ素仕上げジェルセット
ぶどう味

廠商名稱 ●アース製薬
容量/價格 ●50g +專用牙刷 1 支 / 910 円
香味 ●葡萄口味

附具有彈性的極軟毛牙刷,讓父母親在幫嬰幼兒刷抹的時候,不必擔心孩子因亂動而受傷。(医薬部外品)

© 2020 Peanuts Worldwide LLC

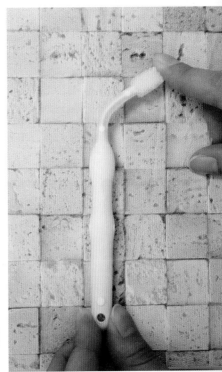

口腔衛生
清潔護理

クリアハーブミント / 清涼薄荷草本　ピュアリーミント / 微涼洋梨薔薇　スプラッシュシトラスミント / 激涼清新鮮橙

クリアクリーン
NEXDENT 薬用ハミガキ

廠商名稱 ●花王
容量/價格 ●120g / 350 円

牙膏當中的潔淨顆粒，會隨著刷牙的動作不斷崩解變小，深入到牙縫中深度清潔口腔。採用獨家技術，加強氟附著於牙齒上的能力，能長時間發揮對抗酸性物質的防蛀力。(医薬部外品)

ピュアミント / 清新薄荷　　エクストラフレッシュ / 酷涼薄荷　　マイルドシトラス / 溫和柑橘

NONIO
ハミガキ

廠商名稱 ●ライオン
容量/價格 ●130g / 330 円

針對難纏的口臭問題，利用科學研究找到解決方式！除了殺菌成分之外，還搭配負離子潔淨配方，能讓附著於牙齒表面的牙垢更容易被刷掉。專業調香師以薄荷作為基底，開發出多種香味獨特的口感，讓刷牙更添樂趣。(医薬部外品)

Breath Labo
薬用イオン歯磨き

廠商名稱 ●第一三共ヘルスケア
容量/價格 ●90g / 880 円

添加 CPC 及 LSS 兩種口腔殺菌配方，再搭配 5 種能預防口臭成分的機能型牙膏。以獨特的氯化鋅作為正離子吸附劑，能牢牢吸附口腔中的異味分子，發揮抑制難聞異味的作用。(医薬部外品)

ダブルミント / 雙重薄荷　シトラスミント / 柑橘薄荷

薬用ピュオーラ
ハミガキ

廠商名稱 ●花王
容量/價格 ●115g / 398 円

清潔重點鎖定在口腔內黏膩感與難聞氣味的牙膏系列。添加花王獨家研發的口腔菌叢分散成分與殺菌成分 CPC，能有效淨化口腔環境，還你清新宜人的好口氣。(医薬部外品)

クリーンミント / 清涼薄荷　　ストロングミント / 勁涼薄荷　　マイルドハーブ / 溫和草本

クリアクリーン
プレミアム

廠商名稱 ●花王
容量/價格 ●100g / 540 円

專為大人所開發的蛀牙防護牙膏系列。添加濃度高達 1450ppm 的氟，可促進牙齒再鈣化，同時預防蛀牙形成。尤其是成人所特有的補綴部位邊緣，以及因牙齦退縮而外露的牙齒根部，都是需要特別強化防護的部位。(医薬部外品)

歯質強化 / 強化牙本質型　　美白 / 亮白型　　センシティブ / 敏感型

システマ
ハグキプラスプレミアム

廠商名稱●ライオン
容量/價格●95g / 850 円

除添加能幫助牙周血液循環更健康、具殺菌及抗發炎作用的成分之外，更搭配濃度高達 1450ppm 的氟，以及多種亮白、抗敏感及抗出血成分，可說是一款護理範圍相當廣泛的多機能牙齦護理牙膏。（医薬部外品）

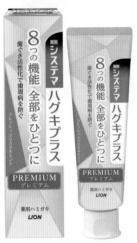

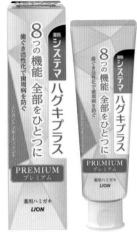

フレッシュクリスタルミント / 鮮果薄荷香　　エレガントフルーティミント / 優雅花果香

システマ
ハグキプラス

廠商名稱●ライオン
容量/價格●95g / 670 円

添加牙齦活化成分、殺菌成分以及抗發炎成分，可用於預防牙周病，使牙齒更健康的牙膏。搭配濃度高達 1,450ppm 的氟，可強化蛀牙防護機能，同時採用高吸收性傳明酸，可應對牙齦容易出血的問題。（医薬部外品）

S（知覺過敏）/ 敏感型　　W（美白）/ 亮白型

薬用ピュオーラ
ナノブライト ハミガキ

廠商名稱●花王
容量/價格●115g / 498 円

不只能夠消除口腔內黏膩感與難聞異味，還能讓牙齒看起來更加亮白的牙膏。除系列共通的菌叢分散成分及殺菌成分之外，另外還搭配能讓牙垢更容易被刷除乾淨的植酸，可使牙齒呈現出自然健康的光澤感。（医薬部外品）

ディープクリーン
薬用ハミガキ

廠商名稱●花王
容量/價格●100g / 800 円

搭配牙齦修復成分，可強化牙齦健康和應對牙周病的護理牙膏。牙膏本身不易起泡，能更方便、更仔細地為牙齦進行按摩。除此之外，還搭配具殺菌、防蛀效果的多種成分，以及能促進牙周血液循環的維他命E，使用起來還帶有清新的綠茶香。（医薬部外品）

生葉 EX

廠商名稱●小林製藥
容量/價格●100g / 1,500 円

添加 4 種殺菌、抗發炎、收斂以及幫助牙周血液循環成分，適合有牙周病或牙齦炎困擾者使用。搭配 13 種獨特的中藥成分，使用後能感覺口腔清爽，口氣更清新。（医薬部外品）

美白スミガキ

廠商名稱●小林製藥
容量/價格●90g/600円

添加炭微粒的黑色牙膏，視覺上相當具有震撼力。炭微粒的密集小孔，能吸附牙齒表面的污垢及異味分子。使用起來不但不會磨傷牙齒本身，更能提升牙齒美白色階，找回原本的亮白感。

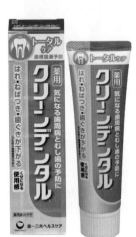

クリーンデンタル L トータルケア

廠商名稱●第一三共ヘルスケア
容量/價格●100g/1,280円

添加 LSS、IPMP 以及 CPC 等三重殺菌成分，再搭配兩種抗發炎成分與濃度為 1400ppm 的氟，是一款能強化牙周健康的全效護理型牙膏。使用起來帶有清爽的薄荷香味，以及獨特的鹽味口感。（医薬部外品）

MONDAHMIN
プレミアムケア

廠商名稱●アース製藥
容量/價格●380mL/598円　700mL/698円
　　　　　1,080mL/880円

除了優秀的潔淨力之外，更搭配殺菌、抗發炎以及預防蛀牙和出血成分。簡單漱口 20 秒，就能同時對應 7 種常見的口腔清潔護理問題，堪稱是漱口水產品中的 ALL IN ONE。
（医薬部外品）

MONDAHMIN
NEXT 歯周ケア

廠商名稱●アース製藥
容量/價格●380mL/598円
　　　　　700mL/698円
　　　　　1,080mL/880円

搭配 IPMP 與 CPC 雙重殺菌成分，一款專為牙周護理所研發的漱口水。不僅有效成分滲透力表現優秀，還可長時間發揮功效。睡前使用，就能讓口氣清新和抑菌效果持續到隔天早上。（医薬部外品）

薬用ピュオーラ
泡で出てくるハミガキ

廠商名稱●花王
容量/價格●190mL/1,250円

就算刷完牙卻還殘留異味嗎？這代表味道可能是來自附著於舌頭上的細菌。對於不習慣刷舌苔的人來說，就很適合使用這款淨舌泡。先將泡泡擠在舌頭上，再像漱口般，讓泡泡佈滿整個口腔與齒間，最後再使用牙刷清潔牙齒，就能同時潔淨牙齒、口腔與舌苔。（医薬部外品）

ディープクリーン
薬用液体ハミガキ

廠商名稱●花王
容量/價格●350mL/570円

同時搭配殺菌、抗發炎與幫助牙周血液循環成分的液態牙膏。添加了修復成分 ALCA，可活化牙齦細胞，提升牙齦健康度。使用方式是先以液態牙膏漱口 20 秒，然後再搭配牙刷來按摩牙齦和清潔牙齒。（医薬部外品）

クリアハーブミント　　スプラッシュシトラスミント　　ライトハーブミント
/ 清涼葡萄草本　　　　/ 激涼清新鮮橙香　　　　/ 微涼萊姆鳳梨香
（含酒精）　　　　　　（含酒精）　　　　　　　（無酒精）

NONIO
マウスウォッシュ

廠商名稱●ライオン
容量/價格●600mL/550円

針對口腔內細菌引起的口臭問題所開發，由專業調香師操刀的漱口水。採用獨家抑菌成分技術，能長時間發揮預防口臭的效果，同時還能散發出怡人香氣。（医薬部外品）

Breath Labo
薬用イオン洗口液

廠商名稱 ● 第一三共ヘルスケア
容量/價格 ● 450mL / 800 円

添加殺菌成分 CPC 以及抗發炎成分甘草酸二鉀，能預防牙齦炎與維持口氣清新的漱口水。採用葡萄糖酸銅作為負離子吸附劑，可徹底消除口腔內的異味分子，發揮抑制口臭的作用。(医薬部外品)

歯磨撫子
重曹すっきり洗口液

廠商名稱 ● 石澤研究所
容量/價格 ● 200mL / 1,500 円

以小蘇打和茶葉萃取物為主成分的漱口水。作用機制是先以小蘇打分解口腔內的蛋白質髒污，再藉由茶葉萃取物包覆住這些蛋白質與異味分子。使用者在吐出漱口水的瞬間，就能看見一塊塊茶褐色的污垢，清潔效果相當明顯。

ダブルミント
/ 雙重薄荷

シトラスミント
/ 柑橘薄荷 (無酒精)

クリアクリーン プレミアム
ホワイトクリアパック

廠商名稱 ● 花王
容量/價格 ● 7 組 / 1,680 円

可為牙齒進行集中亮白護理的貼片。獨特的透明薄膜中，含有萃取自米糠的亮白潔淨成分，只要貼在牙齒上等待 10 分鐘左右，然後用牙刷連同貼片一起刷動。通常在使用 3 次之後，就能慢慢感受到牙齒色階的改變。

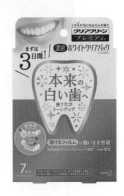

ブレスケア

廠商名稱 ● 小林製薬
容量/價格 ● 50 粒 / 520 円

活用古希臘智慧，將能夠消除大蒜等食物異味的荷蘭芹精油，濃縮在小顆粒狀的口氣清新膠囊中。每一顆小膠囊，都含有 10 片荷蘭芹精油成分，只要搭配開水吞服，就能從胃部直接消除掉蔥、大蒜、韭菜等辛香料的刺鼻味道。

ミント味
/ 清新薄荷

ストロングミント味
/ 強力薄荷

ブレスケアピーチ
/ 水潤蜜桃

ブレスケアレモン
/ 清新檸檬

噛むブレスケア

廠商名稱 ● 小林製薬
容量/價格 ● 25 粒 / 360 円

添加荷蘭芹精油製成的口氣清新軟糖。不同於配水直接吞服的膠囊類型，軟糖外側有一層脆脆的糖衣，可透過咀嚼方式，先讓去味成分分佈滿整個口腔後，再進入到胃部，消除食物造成的難聞氣味。

ジューシーグレープ味
/ 葡萄口味

スッキリクールミント味
/ 薄荷口味

ピーチ味
/ 桃子口味

マスカット味
/ 麝香葡萄口味

レモンミント味
/ 檸檬薄荷口味

身體清潔
入浴劑

Bub
エピュール

廠商名稱 ● 花王
容量/價格 ● 400g / 1,200 円

主打以發汗促進代謝的美容浴品牌 épur，是花王運用多年碳酸研究技術，針對年輕女性市場所推出的入浴劑品牌。細微濃密的碳酸泡，搭配品味出眾的香水級調香，讓 épur 迅速成為人氣指數狂飆的入浴劑品牌。(医薬部外品)

シダーウッド＆マンダリンの香り
/ 雪松 & 柑橘
湯色：透明藍綠

レモングラス＆ゼラニウムの香り
/ 檸檬香茅 & 天竺葵
湯色：透明綠

オレンジフラワー＆パチュリの香り
/ 橙花 & 廣藿香
湯色：透明橘紅

ローズマリー＆ユーカリの香り
/ 迷迭香 & 尤加利
湯色：透明紫

ジャスミン＆フランキンセンスの香り
/ 茉莉花 & 乳香
湯色：透明橘

Bub
メディキュア

廠商名稱 ● 花王
容量/價格 ● 6 錠 / 780 円

花王 Bub 碳酸入浴錠加強版。除碳酸力強化 10 倍之外，還搭配高麗蔘作為保濕成分。紫色為採用保溫薄膜技術的溫感浴，而橘色則是專為久站或運動後肌肉疲勞問題所開發的按摩浴。(医薬部外品)

温もりナイト
/ 溫感浴 (薰衣草雪松)
湯色：乳紫色

ほぐ軽スッキリ
/ 按摩浴 (清新草本)
湯色：透明黃

温泡 ONPO
とろり炭酸湯

廠商名稱 ● アース製薬
容量/價格 ● 12 錠 / 448 円

完整重現剛泡完弱鹼性溫泉後，肌膚所呈現出的滑順觸感，會讓人在泡澡時忍不住想觸摸自己的肌膚。溶於水中的負離子薄膜成分，會溫和地包覆全身，讓泡澡後的溫暖感覺更加持續。承襲重視香氛表現的品牌特色，每一款香味主題，都再細分出 4 種特調類型。(医薬部外品)

ぜいたくハーブラベンダー
/ 奢華薰衣草浴
洋甘菊薰衣草 / 透明淺紫
天竺葵薰衣草 / 透明藍綠
橙花薰衣草 / 透明暖橘
茉莉薰衣草 / 透明草綠

ぜいたくひのき浴
/ 奢華檜木浴
松葉檜木 / 乳綠色
柚子檜木 / 乳黃色
菖蒲檜木 / 乳黃色
木球檜木 / 乳白色

ぜいたく華蜜
/ 奢華花蜜浴
紫藤花蜜 / 濁紫色
玫瑰花蜜 / 濁紅色
蓮花花蜜 / 濁粉色
金合歡花蜜 / 濁黃色

BATHCLIN
きき湯

廠商名稱●バスクリン
容量/價格●460g / 880 円

運用多年溫泉研究成果，結合碳酸與各種不同溫泉美肌作用的碳酸泡入浴劑。碳酸顆粒溶解速度快，並帶有不同香味，是藥妝店中人氣度極高的入浴劑品牌。(医薬部外品)

マグネシウム炭酸湯
/ 碳酸鎂湯
湯色：透明草綠
訴求：腰痛‧肩頸僵硬

ミョウバン炭酸湯
/ 明礬碳酸湯
湯色：透明淺紫
訴求：痘痘‧濕疹

リラク泉
ゲルマバス

廠商名稱●石澤研究所
容量/價格●25g / 260 円

主要成分有機鍺具有溫浴效果，據說只要浸泡 20 分鐘，就等同於有氧運動 2 小時的效果。搭配 2 種天然浴鹽與辣椒素萃取物，能讓發汗效果更明顯。泡澡時，整間浴室都會充滿硫磺味，有一種置身溫泉勝地般的放鬆氛圍。

菊正宗
美人酒風呂

廠商名稱●菊正宗酒造
容量/價格●60mL / 250 円

添加富含保濕胺基酸的米發酵液體，極具日本風格的美人酒入浴劑系列。將不含酒精的日本酒成分，融合為四種不同的主題與香味，打造出正統且具美肌作用的「酒浴」，即使酒量不好的人，也能體驗日本酒的美肌力。

酒蔵風呂 / 清酒浴
清酒淡香

にごり酒風呂 / 濁酒浴
綠竹清香

熱燗風呂 / 溫酒浴
甜蜜果香

梅酒風呂 / 梅酒浴
酸甜梅香

AYURA
メディテーションバスα

廠商名稱●アユーラ
容量/價格●300mL / 1,800 円

具有東方禪味，香氛效果獨樹一格的入浴劑。融合紫檀、迷迭香和洋甘菊等能安撫情緒的精油配方，讓人在泡澡時，感覺就像進入冥想狀態般的放鬆。添加精油及植萃保濕成分，可同時發揮潤澤和保濕肌膚的效果。

温素　琥珀の湯

廠商名稱●アース製薬
容量/價格●600g / 1,080 円

追求真實的溫泉入浴體驗感，能將家中浴缸裡的自來水，轉變成如同溫泉般的鹼性水，讓泡澡後的肌膚顯得格外滑潤。獨特和漢茶香搭配琥珀水色，是一款別具風格的入浴劑。（ 医薬部外品 ）

アトピタ　薬用保湿入浴剤

廠商名稱●丹平製薬
容量/價格●500g / 1,400 円

專為膚質敏弱的嬰幼兒所研發，搭配多種保濕潤澤及穩定肌膚狀態成分的入浴劑。同時，也添加了溫泉成分中常見的碳酸氫鈉，可在泡澡過程中，讓孩童膚觸更加滑嫩。草綠湯色來自於天然色素，就連肌膚敏感的嬰幼兒也能安心使用。

爽身小物
個人護理

さわやかせっけんの香り
/ 潔淨皂香

ひんやりシトラスの香り
/ 鮮摘柑橘香

ふわっとローズの香り
/ 鮮採玫瑰香

Bioré
さらさらパウダーシート

廠商名稱 ● 花王
容量／價格 ● 隨身包 10 張／250 円　盒裝 36 張／700 円

來自花王 Bioré 的熱銷長壽濕紙巾系列。採用獨家皮脂清潔配方，只要輕輕一擦，就能拭去油光與黏膩感，而且透明爽身粉也不會在衣物上留下痕跡。紙巾本身為四層的凹凸結構，使用時不易破裂，擦拭髒污的效率也提升許多。

MEN'S Bioré
洗顔シート

廠商名稱 ● 花王
容量／價格 ● 隨身包 20 張／210 円
　　　　　　大包裝 38 張／345 円

花王 MEN'S Bioré 專為男性所開發的臉用濕紙巾系列。紙巾本身採用 TOUGH-TECH 獨家技術，具備不易破、不易乾及不易捲曲等三大特性。添加吸附皮脂粉末及薄荷清涼成分，使用後能讓容易出油的男性肌膚顯得乾爽滑順。

レギュラータイプ
/ 經典柑橘

清潔感のある石けんの香 / 潔淨皂香

さっぱりオレンジの香り / 清爽柑橘

クールタイプ
/ 涼感柑橘

フレッシュアップルの香り / 清新蘋果

香り気にならない
無香性 / 無香

Ban 爽感さっぱりシャワーシート
ノンパウダータイプ

廠商名稱 ● ライオン
容量／價格 ● 36 張／380 円

能確實擦拭肌膚，卻不會在衣物上留下白色粉末痕跡的無粉末爽身濕紙巾，特別適合穿著深色衣物時使用。三層結構的立體厚質紙巾，能吸飽滿滿的爽膚水，有效率地拭除汗水及異味，並於肌膚表面留下長時間的舒適清涼感。

シトラスフローラル
の香り / 柑橘花香

ホワイトフローラル
の香り / 純淨花香

AYURA
アロマボディシート

廠商名稱 ● アユーラ
容量／價格 ● 15 張／750 円　30 張／1,300 円

以富士山麓純水作為基底，是極少數榮獲美妝排行榜肯定的濕紙巾。不只能夠擦拭肌膚上的汗水、皮脂及髒汙，宛如香水般具有層次感的森林清香，更是讓許多粉絲愛不釋手的主要特色。

クリアフローラル / 澄淨花香

シトラスジャスミン / 柑橘茉莉

花せっけん / 鮮花皂香

Happy Deo
ボディシート

廠商名稱 ● マンダム
容量/價格 ● 36 張 / 450 円

每年都會更換新設計的 Happy Deo 迪士尼身體紙巾系列。添加植萃細微粉末，使用後可讓肌膚長時間維持清爽觸感。紙巾裁切面積大且柔軟，能簡單且快速地拭去身體上的黏膩感。

アイスダウン
クールミント / 涼感薄荷

アイスダウン
フルーツクーラー / 涼感果香

アイスダウン
フローズンシャボン / 涼感皂香

©Disney

GATSBY
フェイシャルペーパー

廠商名稱 ● マンダム
容量/價格 ● 42 張 / 500 円

針對男性臉部容易出油、冒汗與卡髒污的特性，採用 100% 天然棉所製成的大片濕紙巾。添加皮脂潔淨成分與爽身微粉成分，能確實擦去黏膩感，還給男性一張滑順乾爽的帥氣臉龐。

スーパーリフレッシュタイプ / 覺醒清涼型

モイストタイプ / 保濕滋潤型

アイスタイプ / 冰冷涼感型

薬用アクネケアタイプ / 抑菌抗痘型

フェイシャルペーパー / 清新涼感型

PitariSweat
ピタリスウェット

廠商名稱 ● BCL
容量/價格 ● 50g / 600 円

自 2008 年上市以來，每年夏季都熱賣到翻的長壽人氣涼感凝膠。只要在出門前或淋浴後，塗抹於太陽穴、頸部、腋下、手腕以及手肘內側，就能讓身體長時間感覺清涼舒暢。對於怕熱的人來說，是一款夏季必備的避暑單品。

アイスノン
シャツミスト

廠商名稱 ● 白元アース
容量/價格 ● 100mL / 498 円

當天氣炎熱時，只要噴灑於衣物上，就能讓身體持續感覺清涼舒爽的極冷衣物噴霧，是日本火紅熱賣的話題商品。額外添加殺菌成分，能防止衣物因流汗而散發出異味，可說是炎炎夏日消暑抗味的好幫手。

ミントの香り / 清新薄荷香

エキストラミントの香り / 勁涼薄荷香

せっけんの香り / 薄荷皂香

Attack Zero
ワンハンドタイプ

廠商名稱●花王

日本洗淨專家花王在 2019 年所推出的革命性洗衣精。採用花王史上最高等級的洗淨與抗菌技術，就連洗衣精的使用方法也有所創新。獨特的噴射壓頭設計，只需單手操作，就能輕鬆擠壓出洗衣精，不沾手設計好貼心，大幅提升了洗衣時的方便性。

レギュラー／直立式洗衣機專用
容量／價格●400g / 500 円

ドラム式専用／滾筒式洗衣機專用
容量／價格●380g / 500 円

トップ スーパー NANOX
ニオイ専用 プッシュボトル

廠商名稱●ライオン
容量／價格●400mL / 500 円

「少量洗劑也能徹底洗淨衣物」，是日本獅王 NANOX 的主打特色。這瓶去味專用版本不只具有洗淨效果，還能預防衣物散發異味。2019 年底推出的按壓式瓶裝，可直接擠出洗衣精，省去用瓶蓋計量的麻煩。

FLAIR FRAGRANCE
IROKA

廠商名稱●花王
容量／價格●570mL / 830 円

融合現代人追求的知性美與優雅等意象，調香手法媲美香水等級的衣物柔軟精。採用天然香料調合而成的香氛，能溫和地包覆身體一整天，堪稱是一瓶用穿的香水。

しみとりーな

廠商名稱●小林製藥
容量／價格●10mL×3 罐 / 520 円

生活中總有許多突發狀況，會不小心弄髒了你的衣物。別擔心，只要有了這套衣物去漬組，就能輕鬆搞定各種難纏污漬。綠色用於去除咖哩、番茄醬、沙拉醬；黃色用於去除醬油、醬汁、咖啡、血漬；紅色用於去除口紅和粉餅。

ネイキッドリリー
／純淨百合

シアーブロッサム
／魅力花香

グリーンハーブの香り / 清新草本 　　ピュアソープの香り / 純淨皂香 　　香りが残らないタイプ / 無香

Resesh
除菌 EX

廠商名稱 ●花王
容量/價格 ●370mL / 350 円

採用中和消臭及皮脂氧化阻斷等兩大技術，可發揮長達 24 小時去味機能的衣物抗菌除臭噴霧。每次穿衣服之前，只要在衣領及腋下周圍等部位噴兩下，就不必擔心會散發出尷尬的汗臭味。除了衣服之外，也可以使用在寢具或沙發等布面家具上。

NONSMEL 清水香
衣類・布製品・空間用スプレー
ハーバルフレッシュ

廠商名稱 ●白元アース
容量/價格 ●300mL / 498 円

「清水香」最早為飯店備品開發品牌，因此有不少人都曾在日本的飯店裡看過、甚至是使用過這瓶衣物除臭噴霧。只要在空間或衣物上噴個幾下，就能散發出一股淡淡的草本清香，讓人心情格外愉悅。

フォレストシャワーの香り / 晨間清新森林浴 　　ピュアローズシャワーの香り / 午間優雅玫瑰浴 　　オリエンタルシャワー / 夜間東方香氛浴

Resesh
除菌 EX フレグランス

廠商名稱 ●花王
容量/價格 ●370mL / 350 円

不只能夠消臭抗菌，還能散發出怡人香氛的衣物噴霧。適用於寢具、沙發、地毯、窗簾等家飾，甚至可以直接對空間灑，做為室內芳香噴霧使用。共推出三款迷人香氛，既可單獨使用，也能混搭組合，創造出專屬個人風格的空間感。

PROUDMEN.
スーツリフレッシャー
グルーミング・シトラスの香り

廠商名稱 ●ラフラ・ジャパン
容量/價格 ●200mL / 1,800 円 　15mL / 600 円

男性香氛保養品牌「PROUDMEN.」於品牌創立時所推出的第一項產品。在上班前或約會前輕輕一噴，就能瞬間消除衣物上的汗臭味、菸臭味以及各種食物異味，同時還會散發出清爽無比的海洋柑橘香。

居家清潔
廚衛衛生

キュキュット
CLEAR 泡スプレー

廠商名稱 ●花王
容量/價格 ●300mL / 277 円

按壓一下，就能噴出清潔餐具的泡泡，使用起來省時、省事，超級方便。特別是保溫杯、茶壺的壺嘴，以及環保吸管等難以清洗的餐具，只要噴一下並靜置 60 秒，就可輕鬆去污消臭，簡單解決清洗餐具的困擾。

| オレンジ
/柑橘微香 | グレープフルーツ
/葡萄柚微香 | 無香性
/無香 |

ルックプラス　清潔セット
排水口まるごとクリーナー
キッチン用

廠商名稱 ●ライオン
容量/價格 ●40g×2 包 / 330 円

廚房流理台排水口專用清潔劑。先將單次用量的清潔粉末倒入排水口，再慢慢加入自來水約 10 秒左右，接著靜置 30 分鐘以上，然後用水沖掉，就能同時完成「清潔殺菌」和「去除異味」的大工程！

らくハピ
おうちの防カビマジカルミトン

廠商名稱 ●アース製薬
容量/價格 ●5 片/598 円

添加雙重抗菌成分的防霉清潔手套。只要套在手上輕輕擦過，無論是流理台、水龍頭、冰箱內側、衛浴空間或窗台，都能發揮長達 2 個月左右的防霉效果。貼心的三指設計，將拇指與食指的空間獨立出來，提升了「搓」與「捏」這些手部精細動作的靈活度，讓打掃效率大提升！

マジックリン
ピカッと輝くシート
クレンジング成分 in

廠商名稱 ●花王
容量/價格 ●5 片/230 円

同時具備「研磨力」和「洗淨力」的潔亮紙巾。使用前只要沾一點水，就能輕鬆擦去廚房流理台、水龍頭以及廚具上的陳年水垢及髒污。擦拭過的地方，就像是獲得重生般閃閃發亮。

マジックリン
バスマジックリン
デオクリア

廠商名稱 ●花王
容量/價格 ●380mL / 300 円

不管是沐浴時飛濺到牆面或殘留於地板死角的泡泡，或是陳年水垢與皂垢，日積月累下，都會讓浴室瀰漫著一股難聞的異味。只要使用這瓶浴室去味噴霧，就能快速消除浴室各角落的髒污，跟異味說 bye-bye。

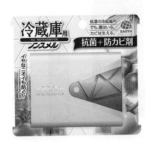

ノンスメル
冷蔵庫用抗菌＋防カビ剤

廠商名稱 ●アース製薬
容量/價格 ●498 円

只要打開包裝放進冰箱裡，就能發揮抗菌及防霉效果，如此一來，冰箱就再也不會散發出討厭的臭味。對極度依賴冰箱的人來說，絕對是相當重要的居家衛生好幫手。

らくハピ
コーヒーメーカー・
自動製氷機の洗浄除菌剤

廠商名稱 ●アース製薬
容量/價格 ●3 錠 ×4 包 / 498 円

咖啡機與冰箱的自動製氷機，都是現代人使用率相當高的家電，但它們的內部管路並不容易清洗。別擔心！只要定期使用這款發泡錠，就能簡單洗淨又除菌，讓清潔 0 死角。

クイックル ハンディ ブラック

廠商名稱 ● 花王
價格 ● 330 円

打掃客廳等居家環境的好幫手。任何有灰塵、花粉、頭髮或是動物毛屑掉落的地方，只要輕輕刷幾下，就能簡單吸附與清潔。正反兩面都有密集的刷毛，能提高打掃效率，任何縫隙、凹槽都不放過。

らくハピ いれるだけ バブルーン トイレボウル

廠商名稱 ● アース製薬
容量/價格 ● 160g / 370 円

具備超驚人的潔淨力，不需費力刷洗就能讓馬桶煥然一新的發泡粉。只要將整包發泡粉倒入馬桶當中，大量的泡泡就能包覆馬桶的每個角落，就連馬桶難以刷到的角落也能乾淨得像是新品一般！超適合討厭刷馬桶的人，用來簡單完成廁所的清潔工作。

らくハピ エアコンの防カビ スキマワイパー セット

廠商名稱 ● アース製薬
容量/價格 ● 專用清潔棒 1 支 + 4 片防霉片 / 598 円

打掃冷暖氣機時，「如何清潔出風口」是最令人感到頭痛的問題！現在只要使用這支具有彈性的清潔棒，搭配專屬防霉片，就能輕鬆擦除冷暖氣機深處的灰塵與黴菌，同時還能發揮長達 2 個月左右的防霉效果呢！

1 滴消臭元

廠商名稱 ● 小林製薬
容量/價格 ● 20mL / 300 円

上廁所前或後，只要滴 1 滴在馬桶裡，就能幫助消除上廁所時產生的難聞臭味。體積小巧，除了放在家裡的廁所外，也可以在外出時隨身攜帶，以避免跟他人共用廁所時，因臭味而感到尷尬。

スウィートローズの香り / 甜蜜玫瑰香　　ウォーターリーグリーンの香り / 水感薄荷香

ブルーレット デコラル

廠商名稱 ● 小林製薬
容量/價格 ● 7.5g×3 個 / 228 円

包裝造型十分可愛的小熊馬桶清潔凝膠。只要對著馬桶壁輕輕擠壓就能將可愛的小花造型凝膠牢牢黏附。每次沖水，都能帶走髒污，留下芳香。當小花變成小小花時，也可以直接當成清潔劑，搭配馬桶刷，將馬桶打掃得清潔溜溜。

ルックプラス まめピカ抗菌プラス トイレのふき取りクリーナー

廠商名稱 ● ライオン
容量/價格 ● 210mL / 360 円

可搭配衛生紙使用，隨手擦拭清潔廁所環境的一款抗菌噴霧。上完廁所只要覺得馬桶座或周圍地板有點髒，就能立刻噴灑擦拭，快速清潔。如此一來，就不必擔心細菌或氨等異味分子在廁所裡作怪了。

リラックスアロマの香り / 精油花香　　心なごむ爽やかな森と花の香り / 森林花香　　アロマピンクローズの香り / 玫瑰花香　　フローラルアロマの香り / 潔淨花香

簡單放置不沾手
向討厭的小強說掰掰！
アース ブラックキャップ

　　台灣位於亞熱帶且高溫潮濕，再加上食物來源充足，向來是最適合小強生長與繁衍的天堂。不管是直覺式的拖鞋攻擊，或是使用噴霧式殺蟲劑，甚至是可以牢牢抓住小強的蟑螂屋，都是常見的小強驅除對策。但不論是哪一種方法，都必須與小強近距離接觸，相信許多人到現在還是相當抗拒。

　　這幾年，許多華人或東南亞遊客，到日本都會特別關注Black Cap 這樣的蟑螂誘餌。主要原因，就是使用起來相當方便，只要放置在小強可能出沒的地方，一段時間後，小強就會默默地消失無蹤。Black Cap 的主要驅蟲成分為普芬尼（Fipronil），是常用於對付螞蟻、白蟻、甲蟲以及蟑螂等昆蟲類的殺蟲劑成分。

　　由於誘餌為半生狀態，對於蟑螂而言是最具誘惑力的狀態，再加上精密設計的容器構造，能夠吸引蟑螂毫無防備地進入其中，因此可發揮相當優秀且即時的效果。誘餌本身設置於容器當中，所以放置時並不會弄髒雙手，使用起來簡單方便又省時。

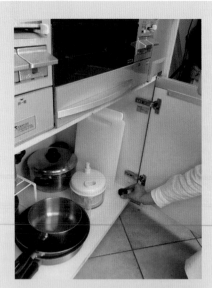

建議投放點

一般來說，小強最喜歡出沒於食物來源多且陰暗的角落，因此廚房流理檯下、冰箱下方、櫥櫃間隙、花盆周圍以及抽屜等處，都是相當適合的誘餌投放點。

防除用医薬部外品

**アース
ブラックキャップ
（Black Cap）**

廠商名稱 ●アース製薬
容量/價格 ● 2g×12個 / 698 円

驅除米蟲兼消臭

守護生米原有的美味
本格 炭のチカラ

　　包括日本與台灣在內，亞洲許多國家及地區，都是以米飯作為主食，因此民眾家中多少都會準備個米缸，暫存每天要煮的白米。不過，有不少主婦或是經常下廚的人都會發現，米缸裡的米，只要放置一段時間之後，煮出來的白米飯，就會有種「不新鮮」的味道。

　　這是因為白米具有容易吸收周圍異味的特質，所以在放置一段時間之後，白米本身就會在環境影響下而變質，使得煮出來的米飯，不僅沒有米香，還有各種奇怪的異味。更可怕的是，白米變質後所散發的異味，還會吸引米蟲前來「朝聖」與「定居」，如此一來，就會壞了一缸好米了！

　　針對白米的保存問題，在日本藥妝店或超市陳列白米、糙米的貨架周圍，通常都能看到這種米缸專用的除臭劑。以木炭造型作為包裝設計，讓人一眼看穿它對付異味的祕密，就在於能夠吸附、消除氣味的「碳」元素——除了日本國產的「紀州備長炭」與「活性碳」等除臭成分之外，這支米缸專用的除臭劑，還添加了萃取自植物的驅蟲成分，可防止米蟲大軍前來紮營。對於家中有準備米缸的人來說，這款除臭劑絕對是白米保鮮不可或缺的小幫手。

本格 炭のチカラ

廠商名稱 ● アース製薬
價格 ● 500 円
使用期限 ● 若放置於 5 ～ 10 公斤左右的米桶當中，效果大約可維持 6 個月。

使用方法

除了直接放在米缸最上方之外，也能插入米堆中固定，或是綁條繩子懸掛在米缸邊緣。

随手放在衣橱抽屉中

可預防異味、發霉、害蟲以及黃漬一整年
消臭ピレパラアース

每年到了換季，最累人的家事莫過於拿出當季衣物，並把過季衣物收起來。不少人都有過這樣的經驗，那就是將沉睡一整季的衣物拿出衣櫥時，會聞到一股不好聞的霉臭味。有時甚至會在衣服上看見之前不存在的黃漬，更慘的是發現心愛的衣服被蟲咬破。

在日本，有不少人在收納過季衣物時，都會在衣櫥的收納櫃裡擺放幾個消臭防蟲劑。像是EARTH製藥所推出的PIREPARA，就是日本人相當熟悉的衣物消臭防蟲劑品牌。只要將衣物確實洗淨、乾燥之後，再放個幾包衣物消臭防蟲劑，就能全年保護衣物不受異味、發霉、害蟲以及黃漬所侵襲。

這幾年EARTH製藥致力於防蟎研究，因此防蟎技術也被運用在這項人氣衣物消臭防蟲劑當中，讓它不僅能夠防止一般蟲蟲入侵，也能將討厭的塵蟎給阻隔在外。除此之外，EARTH製藥還通過國際羊毛局認證，所以也能用來保護寶貴的羊毛衣物。對於台灣這種潮濕的海島型氣候而言，衣物消臭防蟲劑真是收納衣物的得力助手呢！

PIREPARA衣物消臭防蟲劑的使用方式相當簡單，只要將衣物收納好之後，放個幾包在衣物上頭就好。若有送洗衣物，記得要先把塑膠封套拆開。一般而言，以容量50公升的抽屜來說，放置數量大約是2～4個。

一般來說，PIREPARA衣物消臭防蟲劑開封後大約可使用1年。當袋子內的粉紅色珠珠變成紫色時，就表示替換的時間到了！

**消臭ピレパラアース1年間防虫
引き出し・衣装ケース用**

廠商名稱 ● アース製薬
容量/價格 ● 48個 / 700円
使用期限 ● 1年

無臭タイプ
/無香型

柔軟剤の香りフローラルソープ
/花皂香

柔軟剤の香りアロマソープ
/純皂香

ハッピースイートフラワー
/甜蜜花香

居家清潔
蟲蟲危機對策

ドライ＆ドライＵＰ
洋服ダンス用

容量/價格●2 片/554 円
廠商名稱●白元アース

簡單掛在衣櫥當中，就能發揮除濕、消臭、防霉、防黃斑以及防塵蟎等功能。當掛片吸飽濕氣而凝結成果凍狀時，就代表更換新掛片的時間到了！一般來說，大約 1～3 個月就需要更換一次。

無香型

フローラルブーケの香り
/ 花香型

衣類防虫ケア natuvo
クローゼット用

容量/價格●3 個/798 円
廠商名稱●アース製薬

採用 100%自然素材，其中包含75%有機素材的防蟲芳香掛片。調合有薄荷、日本薄荷、桉樹、薰衣草、山蒼樹、香茅以及迷迭香等植物精油所製作而成的防蟲袋。氣味芳香怡人，且能有效驅除衣蛾與塵蟎，相當適合不喜歡化學驅蟲產品的人。

ナチュラス
アース天然ハーブのゴキブリよけ

容量/價格●4 個/698 円
廠商名稱●アース製薬

在研究蟑螂生態的過程中，EARTH 製藥發現蟑螂對薄荷油會有特殊的抗拒反應。在經過一番改良後，研發出這款無化學成分，只採用天然薄荷油製成的驅蟑薄荷閘。只要放在廚房抽屜或碗盤架附近，就能防止小強靠近。

ダニアーススプレー
ハーブの香り

容量/價格●300mL / 798 円
廠商名稱●アース製薬

可用於地毯、布面沙發、絨毛玩具以及寢具上的塵蟎驅除噴霧。在噴霧成分作用下，塵蟎的活動力會大幅衰退，此時只要使用吸塵器，就能確實清除活塵蟎以及塵蟎屍體。噴灑後不殘留黏膩感。（防除用医薬部外品）

はじめてのサラテクト
Premium0 やさしいミスト

容量/價格●200mL / 698 円
廠商名稱●アース製薬

專為肌膚較為敏弱的幼童所開發，不含酒精等刺激成分的溫和防蚊液。出門前噴兩下，就能有效防護小黑蚊、跳蚤或壁蝨等蟲蟲靠近。（防除用医薬部外品）

アース虫よけネット EX
スヌーピー 260 日用

容量/價格●1 個/1,080 円
廠商名稱●アース製薬

史努比抱著足球的可愛造型防蚊掛片。添加 3 種有效驅蟲配方，不管是陽台還是玄關門把上，只要隨手一掛，就能幫你驅趕蚊蟲，效果長達 260 天。

アース虫よけネット EX
スヌーピー あみ戸用 260 日用

容量/價格●2 個/900 円
廠商名稱●アース製薬

添加 3 種驅蚊成分，可以直接貼在紗窗或紗門上的防蚊貼片。可愛的史努比畫作造型，感覺就像是在紗窗上貼了一張可愛的貼紙，驅蚊效果長達 260 天，便利性十足。

アースノーマット
ＵＳＢ電源式 60 日セット

容量/價格●1 組/880 円
廠商名稱●アース製薬

夏日居家必備的電蚊香 USB 插頭版。只要有 USB 插座或行動電源，就能隨時隨地使用的一款電蚊香。創意小變化，卻大幅提升了使用上的便利性，就連外出露營也能立刻派上用場。
（防除用医薬部外品）

ウナコーワ
虫よけ当番

價格●1,350 円
廠商名稱●興和

將 KOWA 護那蚊蟲止癢液包裝上的卡通圖案，實體化成為可愛的護那公仔造型蚊蟲掛片。室內、室外皆可懸掛，防蚊功效長達 260 天，即使被雨水淋濕也不影響使用效果，共有 3 種顏色可供選擇。

日本藥妝
採購小提醒

PART 8

日本購物消費稅退稅規定及方法

短期滯留旅客

{ 國內 } { 國外 }

稅關

免稅商店

Tax-free Shop

規定修改後

購物時
出示護照等資料

回國時
出示護照等資料

離境

廢除先前購入時的簽名等手續

提供購入紀錄資訊（電子化資料）➔ 國稅系統

退稅物品定義

一般物品：使用後不會減少的商品。

家電產品、衣服、包包等物品
• 稅前 5,000 日圓以上可退稅。
• 退稅後不需特殊包裝，在日本國內可以使用。
• 簽證期限內帶離日本。

消耗品：使用後會減少的商品。

食品、飲料、藥品、化妝品以及筆類等
• 稅前 5,000~50 萬日圓可退稅。
• 需以特殊包裝封存，日本國內禁止使用。
• 30 天內帶離日本。

一般物品及消耗品的消費金額可合併計算。

可退稅的商品合併計算
• 合計稅前 5,000~50 萬日圓可退稅。
• 需以特殊包裝封存，日本國內禁止使用。30 天內帶離日本。

持有短期簽證者於日本購物之消費稅退稅比較

購買物品	一般物品	消耗品	一般物品＋消耗品
退稅門檻	未稅價格 5,000 日圓以上	未稅價格 5,000 日圓以上且不超過 50 萬日圓	未稅價格 5,000 日圓以上且不超過 50 萬日圓
特殊包裝	不需特殊包裝	需特殊包裝	需特殊包裝
使用限制	日本國內可用	日本國內不可用	日本國內不可用
帶出國期限	簽證期限內帶離日本	30 天內帶離日本	30 天內帶離日本
備註	一般物品購買超過 100 萬日圓以上需影印護照證件留底。	請勿在日本國內使用。如離境前拆開特殊包裝，則無論使用與否，都可能被稅關處要求補稅。	
	註 1：退稅商品需帶離日本、若是商務或銷售目的之商品不能退稅、請在購買的店家進行退稅、且需在購買當天辦理退稅手續。 註 2：最新退稅規定請參考：消費稅免稅店サイト　https://www.mlit.go.jp/kankocho/tax-free/about.html		

日本離境規定──保養品及 OTC 相關

● 內含易燃液體、高壓氣體，但不含毒性的①保養品②OTC 醫藥品③高壓噴霧。只要是上面的「危險物品」，都要依照單一物品 0.5ℓ／0.5 公斤以下，①＋②＋③之總量不超過 2ℓ／2 公斤的規範。

● 簡單來說分為三種

A. 高壓氣體噴霧罐的化妝水及醫藥品→受規範商品

B. 液態保養品、醫藥品。不是使用高壓氣體噴霧罐，但是含有引火性液體→受規範商品

C. 液態保養品、醫藥品，非高壓氣體噴霧罐，不含有引火性液體，且不含危險性成分例如毒性或是腐蝕性等體→不受規範商品

註：一般化妝品之中部分產品因添加的酒精比例較高，若被認為具有引火性時，也被視為危險物品。

高壓氣體噴霧罐	● 含易燃液體、不含毒性 ● 危險物品 ● 單一 0.5ℓ 或 0.5kg
保養品	● 含易燃液體或高壓氣體、不含毒性 ● 危險物品 ● 單一 0.5ℓ 或 0.5kg
醫藥品	● 含引火性液體或高壓氣體、不含毒性 ● 危險物品 ● 單一 0.5ℓ 或 0.5kg
上述三種受規範物品總量不超過 2ℓ（或 2kg）	
液態保養品	● 不含引火性液體及高壓氣體、不含毒性 ● 一般物品 ● 不受規範商品

註 1：含毒性商品、如漂白水等禁止攜帶。
註 2：最新資訊請詳閱：日本国土交通省──航空機への危険物の持込みについて
https://www.mlit.go.jp/koku/15_bf_000004.html

日本的 OTC 醫藥品制度

何謂 OTC 醫藥品

一般民眾不需處方箋，就能在藥局或藥妝店等地方購買的醫藥品。其名稱來自英文的「Over The Counter」，也就是放在櫃檯後方，由藥劑師拿取交付給消費者的醫藥品。在日本，除了放置於櫃檯後方的醫藥品之外，擺放在藥妝店當中的一般市售藥物，也都稱為 OTC 醫藥品。根據成分特性及使用風險等條件不同，目前日本藥妝店裡的 OTC 醫藥品，可分為以下幾種類型。

●要指導医薬品

首次以 OTC 醫藥品的類別上市，使用上需特別注意的醫藥品。購買時，必須有藥劑師當面解說藥物特性，同時提供該醫藥品的相關書面文件。基於以上前提，「要指導医薬品」並無法透過網路購買。一般而言，此類藥品會放在民眾無法自行拿取的地方。若是藥劑師下班，或是該藥妝店沒有藥劑師執業，該藥妝店便無法銷售此類藥物。

●一般用医薬品

| 第 1 類 医薬品 | 副作用或交互作用等藥物使用安全性需要特別注意的醫藥品。由於「第 1 類医薬品」和「要指導医薬品」一樣，購買時需要先由藥劑師進行詳細說明，因此沒有藥劑師執業的藥妝店便無法銷售。另一方面，若藥劑師已經下班，此類藥物的陳列貨架上，通常會有黑布或擋板遮蓋而無法銷售。 |

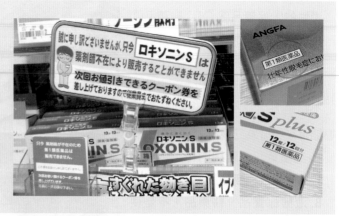

| 第 2 類 医薬品 | 副作用或交互作用等藥物使用安全性需要留意的醫藥品。在「第 2 類医薬品」當中，部分醫藥品分類標示為②或②，這些醫藥品又被稱為「指定第 2 類医薬品」。一般來說，主要的感冒藥、止痛退燒藥等日常生活中常見的醫藥品，大多都歸類在此類型之中。 |

第3類醫藥品 副作用或交互作用等相關注意事項不在「第1類醫藥品」與「第2類醫藥品」之中的其他 OTC 醫藥品。一般來說，常見「第3類醫藥品」包括大部分眼藥水、維生素製劑以及口唇用藥。

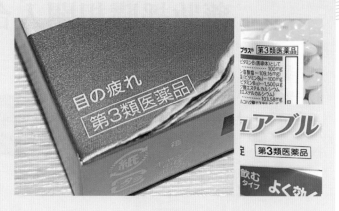

日本藥用化粧品&化妝品之定義

※ 以下定義為日本之規範定義。

医藥部外品／藥用化粧品 雖然不是醫藥品，但對人體卻具有特定緩和作用的商品。例如，添加特定有效成分，在日本可宣傳「預防痘痘」、「預防日曬形成之黑斑與雀斑」以及「具殺菌作用」等改善作用訴求的保養品，都可列為「医藥部外品」。另一方面，許多保養品上都會標示「藥用」，其實這也是「医藥部外品」的意思。

在日本藥事法規修訂之下，藥妝店中常見的育毛劑、染髮劑、藥用化妝品以及添加尿素或維生素成分的乳霜、護手霜，也都被歸類在「医藥部外品」當中。※ 藥用 ≠ 藥用

化粧品 對人體具備特定舒緩作用，主要用於保養與保護皮膚、頭髮以及指甲等部位，或是具備染色與賦香作用的商品。

相對於「医藥部外品」，分類為「化粧品」的商品，通常是用以清潔、美化、保健及提升魅力，因此無法宣稱具有預防特定機能的效果。

藥妝採購相關入台規定 OTC

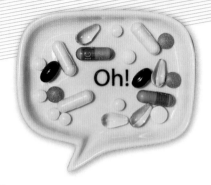

●西藥

非處方藥：非處方藥每種至多 12 瓶（盒、罐、條、支），合計以不超過 36 瓶（盒、罐、條、支）為限。

處方藥／一般處方藥：處方藥未攜帶醫師處方箋（或證明文件），以 2 個月用量為限。攜帶醫師處方箋（或證明文件）者，不得超過處方箋（或證明文件）開立之合理用量，且以 6 個月用量為限。

●錠狀、膠囊狀食品

錠狀、膠囊狀食品，每種至多 12 瓶（盒、罐、包、袋），合計以不超過 36 瓶（盒、罐、包、袋）為限。

●隱形眼鏡

隱形眼鏡單一度數上限 60 片，惟每人以單一品牌及 2 種不同度數為限。

藥妝店採購相關入台規定 OTC			
成藥	錠狀、膠囊狀食品	特定用途化妝品	隱形眼鏡
非處方藥	維生素、健康輔助食品等。	原稱「含藥化妝品」防曬、染髮、制汗抑臭、燙髮、牙齒美白劑等。	近視、遠視、散光用以及美瞳片等。
非處方藥每種最多 12 原包裝，合計以不超過 36 原包裝為限。	每種至多 12 原包裝，合計以不超過 36 原包裝為限。	每種至多 12 原包裝，合計不超過 36 原包裝為限。	單一度數 60 片為限，單一品牌 2 種度數為限（60 對）。
限自用	限自用	限自用、一體成形之玻璃安瓶（AMPOULE）容器禁止使用，且不得攜入。	限自用

台灣特定用途化妝品定義及相關規定

● 特定用途化妝品：原含藥化妝品

　常見為防曬、染髮、制汗抑臭、燙髮、牙齒美白劑等。

● 輸入依化粧品衛生安全管理法第五條第一項公告應申請查驗登記之特定用途化粧品，其供個人自用者，每種至多十二瓶（盒、罐、包、袋），合計以不超過三十六瓶（盒、罐、包、袋）為限，得免申請查驗登記，但不得供應、販賣、公開陳列、提供消費者試用或轉供他用。

● 「玻璃安瓶(AMPOULE)容器不得作為化粧品容器使用」，故進口化粧品之包裝如為玻璃安瓶 (AMPOULE) 容器者，不得進口。前揭玻璃安瓶包裝，係指「一體成形」、「折斷式」之「玻璃密封」容器。

輸入特定用途化粧品供個人自用免申請查驗登記之限量

分類	一般化妝品	特定用途化妝品（原：含藥化妝品）
原規定	免申請	須審請專案核准
新規定	免申請	免申請專案核准 ※ 每種最多 12 樣，合計不超過 36 樣。

註 1：以個人自用免查驗登記輸入之特定用途化妝品，不得供應、販售、公開陳列／供消費者試用或轉供他用。
註 2：最新資訊請參考：全國法規資料庫。https://law.moj.gov.tw/LawClass/LawAll.aspx?pcode=L0030013

國家圖書館出版品預行編目資料

日本藥妝店精選必買藥美妝 / 鄭世彬著 · ——初版——新北市
：晶冠，2020.07
面；公分 · ——（好好玩；16）

ISBN 978-986-98716-6-2（平裝）

1. 化粧品業　2. 美容業　3. 購物指南　4. 日本

489.12　　　　　　　　　　　　　　109008890

好好玩　16

日本藥妝美研購6
最新！日本藥妝店精選必買藥美妝

作　　　者　鄭世彬//日本藥粧研究室
副總編輯　林美玲
協助企劃　芦沢 岳人//株式会社TWIN PLANET
校　　　對　鄭世彬、林建志//日本藥粧研究室、林雅慧、林思婷
封面設計　ivy_design
內頁設計　李傳慧
攝　　　影　林建志//日本藥粧研究室
插　　　畫　黃木瑩
出版發行　晶冠出版有限公司
電　　　話　02-7731-5558
傳　　　真　02-2245-1479
E-mail　ace.reading@gmail.com
部 落 格　http://acereading.pixnet.net/blog
總 代 理　旭昇圖書有限公司
電　　　話　02-2245-1480（代表號）
傳　　　真　02-2245-1479
郵政劃撥　12935041 旭昇圖書有限公司
地　　　址　新北市中和區中山路二段352號2樓
E-mail　s1686688@ms31.hinet.net
旭昇悅讀網　http://ubooks.tw/
印　　　製　天印印刷有限公司
定　　　價　新台幣320元
出版日期　2020年07月　初版一刷
ISBN-13　978-986-98716-6-2

日本お問い合わせ窓口
株式会社ツインプラネット
担当：芦沢／神部
電話：03-5766-3811　　Mail：info@tp-co.jp